口絵1　オオモンシロチョウの終齢幼虫に食害されているキャベツ

北海道に侵入したオオモンシロチョウは，キャベツに卵塊として卵を産みつけるため，終齢に達する頃にはそのキャベツは食べつくされてしまう．　→ p.15

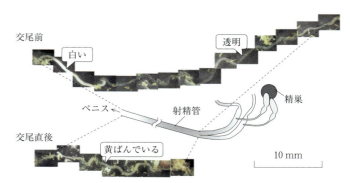

口絵2　交尾前後におけるアオジャコウアゲハの射精管

未交尾の雄の射精管内には，白濁した附属腺物質と透明な精包物質が認められる．一方，交尾を経験した雄の射精管はやや黄色みを帯び短くなっている．Sasaki et al. (2015).　→ p.52

口絵3　モンキチョウの求愛飛翔
雌の飛翔を妨げるように前を飛ぶのが雄.　　→ p.80

口絵4　交尾中のヒメシジミに向かって飛翔する同種の雄
連結態の右上に静止しているのはキバネツノトンボで,ヒメシジミ3頭の行動には無関心のようであった.　→ p.94

チョウの生態「学」始末

渡辺　守 [著]

コーディネーター　巌佐　庸

KYORITSU
Smart
Selection

共立スマートセレクション
25

共立出版

まえがき

　ワトソンとクリックにより，遺伝子とは DNA の中でタンパク質のアミノ酸配列を決定する情報をもつ部分らしいことがわかったのは，1950 年代であった．その後の半世紀は，その構造や機能の研究が推し進められ，21 世紀となった現在，脳科学やゲノム解析に基づく高度な先端医療，バイオテクノロジーなどといった応用分野の発展へと繋がっている．私が大学 1 年生となった 1969 年はこのような分子生物学の興隆期にあたっていたので，学生たちの興味は生化学や遺伝学に集中し，生態学は古典的な博物学に毛の生えたモノと見なされて人気のないことこの上もなかった．

　しかし海の向こうでは，すでに生態学にかかわる 2 種類の新たな研究が進み始めていた．一つは生態学を基礎とした環境問題に対応した研究である．始まりは個別の解決で対応されていたものの，環境汚染が広域化＋複雑化＋悪化し，我々人類の将来にかかわることが世界の共通認識となってきて，現在では，生物多様性などの国際条約まで結ばねばならなくなってしまった．

　もう一つは，生物学の概念の革命といえるものであった．「利己的遺伝子」をキーワードに，「個々の生き物は何のために生きているのか」という考え方が転換したのである．すなわち，「種のため」ではなく「自己の子孫を拡げるため」に生きているという考え方への変更であり，行動学や生態学における方法論が根底から覆ったといっても過言ではない．この考え方が日本の生態学界で受け入れられるようになったのは，欧米より少なくとも 10 年は遅れている．

チョウの研究も同様であった．この新しい考え方を基礎として，欧米では，それまで理解しにくかったチョウの成虫の振る舞いを統一的に説明できるようになり，その結果として得られた様々な知見は，他の生き物の研究の発展や応用に大いに貢献し，この分野における確固たる地位を確保したのである．しかし，それを我が国の関係者たち（？）が受け入れるまでには，やはり，10年以上の月日が必要であった．

　今，こうして小さな書斎で，徐々に遠くなっていく研究生活の日々を客観的に振り返ると，改めて，行動学や生態学の様々な研究分野における栄枯盛衰を，見て聞いて，体験していたことがよくわかる．招待された国際学会の基調講演において得意満面で発表した内容など，単に流行の波に乗っていたからであり，人類の長い研究の歴史から見れば泡沫の一つに過ぎないのかもしれない．年をとるとともに一年の過ぎ方は早くなり，遡ること四十数年前から続けてきた研究・教育生活は邯鄲の夢だったのだろうか．しかし，本棚に所狭しと並べられているのは，現実の研究成果としての論文別刷りの束であり，著書であり，報告書である．今，こうして使っているパソコンのハードディスクの奥深くには，調査・実験データや研究室の学生の卒論・修論・博論のファイルが保存されて眠っている．これらのフォルダーを開いてファイル名を見るだけで，あの時代時代を一緒に研究した学生たちの顔や仕草が一瞬で蘇ってくる．

　研究の方法論や日本語・英語作文の技術，教育技術など，あらゆる面で指導して下さった先生方の多くはすでに鬼籍に入ってしまわれた．かつて切磋琢磨した院生仲間たちも続々と定年退職を迎えている．我々の世代とは，ようやく欧米の学問の世界に切り込めるようになり，その結果として各種国際学会を日本で主催できるようになり，それらの裏方を何回も務めてきた世代であった．また，円高

となったおかげで，国外で開催される国際学会へも気軽に参加できるようになり，充分な語学力ではなかったが，欧米の研究者たちと対等に対面で議論できるようになった世代でもある．長期にわたる海外でのフィールド調査も，簡単に行なえるようになった．研究者生活をそのように過ごせることを当然のこととして育った今の若手研究者たちは，「日本の生態学」の学問レベルは欧米と肩を並べ，「坂の上の雲」ではなくなったと考えているかもしれない．しかし，本当に肩を並べたのであろうか？　欧米人の書いた論文の末尾に引用されている論文リストを見ると，今でも，日本人の論文は圧倒的に少ないのが現実である．

　本書では，はるかなる日々にも触れながら，チョウの生態「学」を描いている．おかげさまで，研究者生活の間に著わしたチョウに関する英文論文は，日本よりは海外で数多く引用されてきた．学生・院生たちと一緒に行なった研究も，海外におけるほうが評価は高い．国際学会で院生に発表させ，「良い研究だった」と欧米人から握手してもらうのが，いつしか，研究の生きがいにもなっていた．したがって，これまでの研究をまとめた本書は，日本語で書かれたチョウの生態学の解説書といえるが，我が研究・教育生活の経過記録といえなくもない．そこに果たして，どれだけの価値ある真実が籠められているかは，読者諸賢のご判断にお任せしよう．

　いうまでもなく，歴史に「もしも……」はあり得ない．しかし，あの日あれがなければ，今，この書斎の椅子に座っていなかったかもしれず，研究すらしていなかったかもしれないのである．あるいは，たとえ希望通りに研究・教育を行なっていたとしても，学生たちとのそれぞれの出会いがどこかで違っていれば，異なる研究業績となり，結果として異なる研究経歴になっていたかもしれない．そんなあり得ざる歴史に思いを馳せるようになったのも，時間に余裕

をもてるようになったからだろうか．ただし，「六十而耳順」には
ほど遠い．

2018 年 1 月

渡辺　守

目　次

①　はじめに …………………………………………………………… 1

　1.1　パラダイム　1
　1.2　「利己的遺伝子」の興隆　3
　1.3　日本の特殊事情　5
　1.4　この本の狙い　8

②　アゲハ類の生活史 ………………………………………………… 12

　2.1　チョウの個体群動態の研究　12
　2.2　卵・幼虫期の生命表　16
　2.3　寄主植物との相互関係　23
　2.4　成虫期の生存曲線と分散　26
　2.5　蜜源植物の動態と分布　31
　2.6　メタ個体群と景観　35

③　成虫の訪花行動の意義 …………………………………………… 38

　3.1　エネルギー源としての花蜜　38
　3.2　雌の蔵卵数　43
　3.3　摂取糖量と雌の卵生産能力　47
　3.4　雄の生殖器官　50
　3.5　摂取糖量と雄の精包生産能力　53

④　新しい解釈の始まり ……………………………………………… 58

　4.1　「繁殖成功度」の概念の深化　58
　4.2　交尾前の行動　61
　4.3　交尾中の振る舞い　65

viii

4.4 交尾後の行動　67

⑤　雌の立場と多回交尾 ……………………………………………… 69

5.1 生涯交尾回数　69

5.2 多回交尾と卵生産　74

5.3 モンキチョウに発現する雌の 2 型　79

5.4 キタキチョウの成虫越冬　83

5.5 単婚性のベニシジミ　86

5.6 雌にとっての望ましさ　89

⑥　交尾と産卵にかかわる雄の様々な戦略 …………………… 93

6.1 雌に対抗する雄　93

6.2 行動的雄間競争　98

6.3 有核精子と無核精子　101

6.4 代理闘争　106

6.5 無核精子の役割についての様々な仮説　110

6.6 再び雌へ：将来　114

⑦　研究室の学生たち～あとがきにかえて～ ………………… 118

7.1 学生気質　118

7.2 チョウの飼育　122

7.3 野外調査　124

7.4 謝辞　127

引用文献 ……………………………………………………………… 129

交尾をめぐる雄と雌の駆け引き
（コーディネーター　巌佐　庸）……………………………… 132

索　引 ………………………………………………………………… 139

はじめに

1.1 パラダイム

博士の学位をもち論文をたくさん書いていれば「研究者という職」に就けるという漠然とした将来設計で大学院生になり，データが取れ始め，学会発表を何とかこなせるようになった頃の話である．非常勤講師として東大のセミナー室へ入ってきた浦本昌紀先生が，「渡辺君，研究者になりたいならパラダイムって勉強しておいたほうがいいよ」と，目の前に10冊ほどの本を積み上げてくれた．実は，恥ずかしながら「パラダイム」という言葉を聞いたのは，これが最初だった．パラダイムの定義やそれらにまつわる議論は，トーマス・クーンの『科学革命の構造』や中山 茂の『歴史としての学問』を参照していただくとして，ここでは，パラダイムとは「支持者や後継者たちに解くべき様々な種類の問題の発展を約束する出発点」という中山の説明を引用するに留めておく．

　学問の発展の歴史を振り返れば，ある一つの命題において，専門

家集団が形成され，彼らがたくさんの研究論文を生産し，それらがまとまって次の研究へ進んでいくという連続的な発展は存在しなかった．その命題に関する論文が蓄積されればされるほど，出発点となっていた理論では説明しきれない例外が増えてくるからである．初めのうちは，多分，元となる理論の微修正で対応できたに違いない．しかし，さらに例外報告が増加し，元となる理論の修正では対応できなくなった時，その理論は捨て去られ，例外を例外でなくすための新しい一般理論がいろいろと提案されるようになってくる．中山は，この時期の議論を百家争鳴的論争と呼んだ．それらの理論は一つ一つ検証されて「最も良さそうな一般理論」が生き残っていく．この理論を支持する専門家集団ができた時がパラダイムなのである．

パラダイムを中心として専門家が集まり，その理論を基礎とした研究論文が当然のように生産されるようになると，パラダイムは通常科学となり，さらには「常識」となって教科書に載り，百科事典に載ることになる．この過程を「学問の化石化」というらしい．もっとも，その頃になると，再び例外が報告されるようになり，いずれはその常識がリセットされ，再び百家争鳴的論争の時代がやってくる．学問がこの繰り返しで発展するとしたら，パラダイムとなる仮説を結果的に提唱できた一握りの天才と，それを支持して研究を行なっているその他大勢の研究者で学問は成り立っているといえるだろう．

研究者が行なう研究とは，その結果としての論文が公式に認められていることを意味している．誤解を恐れずに単純にいえば，理論と先行研究をしっかりと理解し，そこから導き出される仮説を構築し，それを明らかにするための適切な調査・実験を行ない，得られたデータを定量的に解析し（たいていは統計を用いて検定する），

論文にまとめて，しかるべき雑誌に投稿し，複数の匿名の査読者による審査を通過して掲載されたものが論文なのである．したがって，同好会誌などに掲載されている「研究論文」で査読者がいないなど，どこかのステップが省略されていると，これらは「学問としての研究」と見なされない．また，学問が人類の英知の結果であり「人類のもの」である以上，研究成果としての論文は，誰でも理解できる言葉で書かれねばならず，現状では，英文が共通語となっている．

1.2 「利己的遺伝子」の興隆

「利己的遺伝子」の旗手であるリチャード・ドーキンスの訳本『生物 = 生存機械論』が日本で出版されたのは 1980 年だった．個々の生き物とは，地球上における生命の誕生以来，将来にわたって自己の生存確率を高めたりして，「結果的に」自己の子孫を増加させることに成功している個体の子孫たちのみであるという考え方である．たとえば，雄ならば，できるだけたくさんの雌たちと交尾した個体の子孫が残ってきているはずなので，今，我々の目の前にいる雄たちのすべては，できるだけたくさんの雌と交尾しようと振る舞う形質を引き継いでもっているはずだという．雌ならば，とりあえずは，生涯にできるだけたくさんの卵を産下するという形質でなければならなかったとなるのである．すなわち，結果論としての自然選択や生物の進化を，連綿と続く遺伝子の存在を中心として説明する理論であったといえよう．

この理論なら，自然界で観察されてきた生き物たちの様々な振る舞いが，人間社会の倫理観を持ち出さずに，すっきりと説明できたのである．ミツバチの巣が襲われた時，働き蜂たちが特攻隊となることは，女王様の命令により，女王様のために我が身を捨てる戦術

ではなかった．我が身を捨てるという振る舞いは，結果的に，自分の遺伝子を（間接的ではあるが）増やしているという自分のためだったのである．また，多くの昆虫類において，雄ばかりでなく雌も生涯に何回か交尾を繰り返すのは，雄による強制でも雌雄関係が異常な状況に陥った時でもないことが説明できた．この考え方は動物ばかりでなく，植物の生活史における適応戦略の解釈にも適用され，我々の目の前で繰り広げられている生き物の生き様に対する見方が大きく転換したといえる．

しかしこの理論は，極端に走れば走るほど，人間の倫理観という虎の尾を踏みつけ，ダーウィン以来のヒューマニストと自称する進化学者の逆鱗を思いっきり逆撫ですることになり，当時の欧米で賛否両論の大議論が巻き起こったようである．もっともドーキンスは，『生物＝生存機械論』の中でも，また他の著作物の中でも，「私はダーウィンを否定しているのではない」と繰り返し，「ダーウィンの理論を忠実に発展させただけだ」と，ダーウィンの著わした『種の起源』をあたかも「聖書」のように扱っているのは興味深い．

日本に入ってきたこの理論は，欧米と同様に議論を巻き起こした．そして欧米と同様に，しばしば中傷合戦で後味の悪い結果になったこともある．しかし「種のため」から「自分の（遺伝子の）ため」という考え方の変化は，若い世代の研究者には抵抗なく受け入れられたらしい．どちらかというと，抵抗勢力は古い世代の研究者だった．我々の世代はその中間にあたっていたが，古い理論の衰退と新しい理論の勃興という流れに流されて，ある人は専門家集団の形成に参加し，ある人はその集団の拡大に旗を振り，ある人は傍観していた．

チョウの生態学も，この波から離れることはできなかった．むしろ，1960年代に続々と明らかにされてきたチョウの雌の多回交尾

の説明が,「利己的遺伝子」を持ち出せば難なくすっきりと説明できるようになったため,いつの間にか,この分野の重要な一角を占めるようになってしまった観がある.ここで,多回交尾とは生涯に複数回交尾を行なうことを意味しているので,一般に交尾と交尾の間には産卵活動が行なわれている.したがって,通常の交尾の後,間を置かずに次の交尾を行なっただけでは,多回交尾といわないことに注意すべきである.なお,交尾と交尾の間に産卵活動が行なわれることは,結果的に,雌は同一の雄と交尾を繰り返すことがほとんどないことを意味している.すなわち,雌は生涯に複数の雄と交尾をしているのである.

1990年代になると,チョウの雄は,核があって授精できる有核精子と,核のない無核精子をそれぞれ別の器官で生産していることが明らかにされた.形態的に有核精子の破片のように見えた無核精子は,細胞分裂時における失敗作ではなかったのである.その結果,授精には何の役にも立たないはず(?)の無核精子の存在意義が論じられるようになってきた.これらと本質的に同様の知見は他の昆虫類でも発見され,さらに他の分類群の動物でも発見され,その進化的意議の解釈は,今,発展しつつある分野といえる.

1.3 日本の特殊事情

近年,小学生用のノートの表紙に使用される昆虫写真が「気持ち悪い」とか「怖い」という理由で敬遠されるようになり,ノート業者は写真を昆虫から植物へと差し替えつつあるという.生き物を触ったことのないまま小学校の教員となったり,極端な潔癖主義の大都会で育ち野外で生き物に触れる機会がなかったりしたからなどと,様々な説明がなされてきた.しかし,そのような状況でも,夏休みになると,たいていのコンビニエンスストアやスーパーマーケ

ットの陳列棚には，捕虫網と虫籠のコーナーが設置されている．セミを捕り，トンボやチョウ，バッタを追いかける子供たちが，日本にはまだまだいると信じたい．

実は，子供たちが遊びの一つとして「虫取り」をするという文化は，日本以外であまり存在しない．東南アジアの国々では，たまたま暇になった子供が手近なムシにチョッカイをかけるという光景はしばしば見ることができる．しかし，虫籠はもたず，特定のムシをたくさん集めるということもないので，日本のような昆虫採集が目的ではない．そもそも日本の子供が持っているような捕虫網や虫籠なぞはどこにも売られていないし，もし店頭に並べられていたとしても，彼らの財力（お小遣い）では高価すぎて買うことはできないであろう．コオロギ相撲などで用いられる飼育容器は，大人の芸術品である．欧米の子供たちもムシには無頓着であり，子供用の採集用具一式がスーパーマーケットなどで普通に買えるような状況にはなっていない．したがって，欧米のムシの博物館では様々な工夫を行なって，子供たちを引きつけようと努力している（**図 1.1**）．

子供時代からムシに親しんでいた我々日本人は，大人になってからも，趣味としてチョウに触れ続ける人が比較的多かった．日本各地にたくさんの同好会が作られ，採集記録や飼育記録などが詳細に報告されている．欧米と比べ，同好会の数や規模，活動実績などは，抜きん出て高かったといえよう．もっとも近年では，若い世代がこのような同好会に加入しなくなり，某同好会では会員の平均年齢が 60 歳を超え，通常の採集行の例会を行ないにくくなったという話も耳に入っている．

「利己的遺伝子」の波が日本に入ってきた 1980 年代の初め，日本におけるチョウの愛好者はまだ多かった．その頃は同好会誌も盛んに発刊されている．愛好者を啓発するプロの研究者の研究は「種の

図1.1 セントルイス・バタフライハウスの入口
巨大なチョウのモニュメントを配置している。写ってはいないが，画面右には，オオカバマダラとおぼしき幼虫の巨大なモニュメントも設置されている．どちらも，子供たちの興味はあまり引かないようである．その代わり，さらに右にある（公園入り口近く）カブトムシの巨大モニュメントにはたくさんの子供たちが乗って遊んでいた．

ため」を基礎にした解釈がなされ，「個体のため」に基づいた研究はほんの一握りに過ぎなかった．たとえば，いったん交尾したシロチョウ類の雌が示す交尾拒否姿勢は，種の保存のために雌は産卵に専念しなければならず，無駄な交尾を行なわないためと説明されたのである．一方，雌の交尾拒否姿勢を認識した求愛行動中の雄がその雌との交尾をあきらめる潔さは，「刺激−反応系」の典型例となり，種の保存のために（≒雌の産卵のために）雌の行動を妨害しないように進化した結果と考えられていた（**図1.2**）．さらに，神経生理学的研究で，交尾済みの雌が交尾拒否姿勢を示す機構が明らかにされたため，その雌がしばらく産卵した後に再び交尾するのが普通であるということは，想像しにくかったようである．ある高名なチョウの愛好者は，「外国産のチョウはいざ知らず，日本産のチョ

図 1.2　ムラサキツメクサで吸蜜中のモンキチョウの雌が示した交尾拒否姿勢と，その雌から去ろうとする雄
雌の交尾拒否姿勢とは，翅を広げ，腹部末端を上に突き出す姿勢で，シロチョウ類に共通である．

ウの雌は貞淑であり，生涯に何回も交尾することはあり得ない．そもそも，自分は何十年もチョウを観察してきたが，交尾した雌が，その直後に再び交尾したところなぞ見たことがない」という手紙を送ってくれたほどである．しかし，日本人研究者の間において，いつの間にか「雌の多回交尾」は常識となってしまい，結果的に，欧米のような大論争は生じなかった．その頃すでに欧米では議論の結末が見えていたことと，日本で研究論文を活発に生産するのは柔軟な思考をもつ若手研究者が多かったからかもしれない．いずれにしても，1990年代の中頃になると，チョウの研究の基礎は，すべて「利己的遺伝子」の理論が席巻していたのである．

1.4　この本の狙い

残念ながら，私はチョウに関する日本の各種同好会に所属したことがなかった．昆虫採集会のような催しの参加や，採集旅行の経験

図1.3 草地性のチョウを狙って歩き回る国際学会の参加者たち
ウィンストン・セーラム（アメリカ・ノースカロライナ州）の牧草地にて.

もない．国際学会に参加した時，中日に行なわれるエクスカーションにおいて，国内外の参加者が目の色を変えてムシ探しをする振る舞いを，あっけにとられて観察する立場だったのである（**図1.3**）．知り合いの口さがない愛好者によると，私の網の振り方など子供の昆虫採集レベルだそうである（もっとも，近年の学生で私を超える腕をもつ学生は少数になってきているが）．したがって，今に至るまで，世界各国の珍しいチョウはほとんど見たことも採集したこともなかった．我が国の種も，自分の研究対象の種以外はほとんど知らないので，自信をもって一般的なムシの生態（＝振る舞い）を述べることはできない．チョウの振る舞いや生態に触れたのは，「生態学」を論じる時に必要な場合のみとした．本書で「学」と括弧をつけたのは，そのためである．

　繰り返してきたように，我々の世代は，現在の考え方の主流である「利己的遺伝子」を基礎とした「生態学」へと変貌する過程にいた．逆にいえば，一時代前の研究がピークから衰退へ向かうという

栄枯盛衰を実感している．伊藤嘉昭らによる『動物の数は何できま
るか』という名著は，その流れに乗った改訂版としての『動物たち
の生き残り戦略』へと舵を切った．そこで，本書の中でも同様に舵
を切ってゆくこととしよう．

　本書では，一時代前の学問の到達点であった個体群レベルにおけ
る「生活史戦略」の解析例として，第2章でアゲハ類と寄主植物で
あるカラスザンショウの関係を概観する．また，第3章では，成虫
の基礎的な生理生態学的な研究例として，吸蜜という栄養摂取が繁
殖に及ぼす効果を，雌にとっての卵生産や，雄にとっての精包生産
の観点で解説した．これらは，ちょうどパラダイムが生じて，新た
な学問体系が確立した直前直後にまとめた研究である．今から顧み
れば，解析の根底に「種のため」という概念を引きずっていた．し
かし，その呪文を封印してみれば，現在の概念における「生活史戦
略」の研究を発展させる例外のタネが散らばっていたのである．

　チョウの行動生態学的研究は第4章「繁殖行動の新しい解釈」か
ら始まる．そこでは研究史に沿って，雄の交尾要求に対抗する雌の
振る舞いを概観し（第5章），それに対抗する雄と，結果的に雄間
で競争せざるを得なくなった雄の奥の手としての精子2型を説明す
る（第6章）．これらによって，この40年ほどの間に起こった生態
学の変遷を，チョウの生態学を通じて感じていただければ，望外の
喜びである．

　なお，職を得てからのチョウの研究は，野外だけではなく実験室
内においても，私一人では行なっていない．スウェーデンやアメリ
カにおける共同研究者たちだけでなく，研究室の学生・院生たちに
も，私の研究の一部を担ってもらってきた．その彼等とのかかわり
の一端を，あとがきにかえて，第7章「研究室の学生たち」として
エッセー風に紹介している．もし，これからチョウの研究を行なっ

てみようという意思をおもちなら，参考にしていただけると嬉しい.

アゲハ類の生活史

2.1 チョウの個体群動態の研究

　チョウの成虫の個体群動態に関する研究の方法論や調査技術は，野外に生息する他の昆虫類の個体群動態の研究に先鞭をつけたものが少なくない．たとえば，高校生物の教科書に載っているような単純な標識再捕獲法（捕獲した個体に印をつけて放逐し，後日，同じ場所で捕獲した個体の中で，印をつけた個体と印のない個体の数から按分比例して元の個体群の数を推定する）を用いると，天候をはじめとする自然条件や成虫の活動状況，調査者自身の捕獲効率などによって，結果は大きく変動するのが常であった．そこで，成虫の翅に個体識別できる標識（たいていは番号）を付して放逐し，再び成虫の捕獲を試みるという手順を何回も繰り返すという調査方法が，1930年代のイギリスにおいて，草地に生息するシジミチョウの成虫に対し適用されたのである．この時に総個体数を推定するために開発された三角格子法（**図 2.1**）という解析方法は，1960年代に

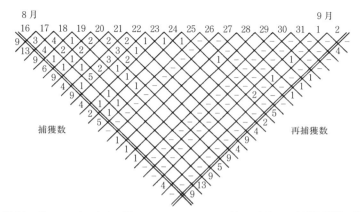

図 2.1 ジャノメチョウの一種，*Maniola jurtina* に対して行なった標識再捕獲の結果の三角格子法解析

上が調査日で，それぞれの日から斜め左と斜め右に辿っていくと，行き着いたところがそれぞれ総捕獲数と総放逐数となる．まず 8 月 16 日は 9 頭が捕獲され 9 頭が放逐された．翌 17 日には 13 頭が新しく捕獲され，前日の放逐個体のうちの 3 頭が再捕獲された．新たに捕獲・放逐した 13 頭は，その後，18 日に 4 頭，19 日に 2 頭，20 日に 1 頭，21 日に 1 頭，22 日に 5 頭，23 日に 0 頭，24 日に 1 頭，25 日に 1 頭が再捕獲されている．なお，− は調査しなかった日を示す．この結果，8 月 18 日から 25 日までにそれぞれ新たに捕獲された個体数（$9+6+9+4+9+4+2+5 = 48$）と，17 日に放逐した 13 頭，それらの各調査日における再捕獲数の合計（$4+2+1+1+5+0+1+1 = 15$）を用いて，$(48 \times 13)/15 = 41$ 頭，が推定値となる．この方法は，イギリスのチョウの研究者に人気があった．渡辺（2007）を改変．

Jolly 法が提案されるまでの間，野外個体群の個体数を推定するための定番となっていた．高密度になって作物などに経済的被害を及ぼす害虫を防除するために，産下卵が幼虫・蛹を経て成虫になるまでに様々な天敵によって減らされていく過程を追った生命表を作成し，チョウのような低密度の種と比較するというアイデアも，1970 年代後半から明らかにされたチョウの個体群動態の研究結果が基礎となっている．一方，DNA を直接扱う研究が簡単にはできなかった 1960 年代，チョウの成虫に見られる翅の模様の地域間変異や世

図 2.2　コオニユリへ吸蜜にやってきたキアゲハの雄
後翅裏面にコオニユリの花粉が付着している．

代間変異こそ野外での進化の研究に適していると，アメリカ・スタンフォード大学の Paul Ehrlich らの研究チームは主張していた．

　Ehrlich らがチョウを研究対象とした理由は，さらに二つあった．一つはチョウと吸蜜植物の関係で，結果として，チョウの成虫は花粉媒介に重要な役割を果たしているというものである（**図 2.2**）．幼虫対寄主植物という関係も含めて，蝶－植物の相互進化の研究は，その後の昆虫－植物に関する相互進化の研究の発展を促した．そしてもう一つは，もし我々の目の前に 1 頭のチョウの成虫が飛んでいたとしたら，卵から成虫までの生存曲線を思い描けば，その背景には 100 頭を超える卵・幼虫が存在していた結果を思い浮かべよというものである．すなわち，それだけの数の卵・幼虫が死んでいることを意味しており，逆にいえば，彼らの捕食者が空腹を満たせたといえよう．食う－食われる関係の出発点に近いところにチョウは位置しており，生態系の食物網を下支えしているというのである．

　生活史の特性から，チョウの個体群動態は，これまで独立に二つの方向で研究されてきた．すなわち，寄主植物上からほとんど動か

図 2.3 オオモンシロチョウの終齢幼虫に食害されているキャベツ
北海道に侵入したオオモンシロチョウは、キャベツに卵塊として卵を産みつけるため、終齢に達する頃にはそのキャベツは食べつくされてしまう. → 口絵 1

ない卵・幼虫期における生命表の解析と、飛翔していろいろな種類の植物群落を訪問する成虫期における日当たり個体数や日当たり生存率の推定、地域個体群間の移動・分散の解析である。前者は一般に一つの植物群落内で完結するので、農耕地における鱗翅目害虫の個体群動態の研究をお手本として始められてきた。チョウに関する最初の生命表解析は、アメリカ大陸に侵入したモンシロチョウについて行なわれ、「キャベツ畑の害虫」という点が強調されている(図 2.3)。一方、成虫は広い範囲を飛翔して移動するために、成虫の生活を考える場合には多様な生息環境をひとまとめにした「景観」という概念を導入しなければならず、野外での研究は難しかった。そのため、1970 年代までは、成虫の定住性が比較的強い種や

生息環境が比較的単純な場所での研究が多い．とはいえ，成虫の飛翔能力には侮りがたいものがあった．ロッキー山脈の高山帯でパッチ状に分布する生息地におけるヒョウモンモドキの成虫の研究では，それぞれの地域個体群の栄枯盛衰とともに，多少なりとも地域個体群間に移動交流の存在することが明らかにされている．これらの結果は，メタ個体群（2.6 節参照）の研究へと発展し，現在，この概念が保全生態学の重要な武器として利用されている．

　我が国のチョウの研究では，1970 年代までは主として幼虫期の，1980 年代前半には主として成虫期の個体群動態が中心となっていた．これらの研究はいずれも伝統的で教科書的な調査方法と解析方法を踏襲し，害虫ではない昆虫としては，最も精度の高い研究結果を提出してきたといえる．また，「幼虫－寄主植物」や「成虫－吸蜜植物」といった「昆虫と植物の相互関係」の個体群レベルにおける研究は，欧米で高く評価されていた．個体群動態の研究で避けて通れない生活史戦略の解明に正面から立ち向かったからである．しかしこれらの研究は，常に頭の片隅に「害虫との比較」が離れなかったといわざるを得ない．チョウの個体群の研究が「害虫との比較」という呪縛から抜け出し，真のチョウの個体群生態学への一歩を踏み出せるようになるには，「利己的遺伝子」の発展の一翼を担うまで待たねばならなかったのである．

2.2　卵・幼虫期の生命表

　雌によって産下された卵が成虫になるまでに，どのような原因でどれくらいの割合で死亡するかをまとめ，表にしたものを「生命表」，それをもとに描いたグラフを「生存曲線」という．本来は生命保険会社が掛け金の算定根拠として各年齢における人々の期待寿命を計算する道具であった影響を受け，初期の生命表作成の研究

は，比較的寿命が長く齢構成が多様で1回あたりの産仔数の少ない哺乳類の解析に限られていたようである．しかしこの解析方法は，農耕地の鱗翅目害虫のように一斉に産卵され発育段階の揃う種のほうが調査しやすく，より詳しい統計的解析が可能となるのはいうまでもない．各発育段階における死亡要因を特定し，密度維持制御機構を明らかにすることは，害虫防除に欠かせない武器である．その結果，各種の蛾類の生命表が，多くの農耕地や樹林で作成されてきた．逆にいえば，チョウのように個体数が比較的少なく産卵期間の長い種では生命表作成が難しく，それを行なうには様々な調査技術の工夫が必要だった．

生命表から得られた生存曲線は，いくつかのパターンに分類されてきた．特に有名なのは，高等学校の教科書に必ず掲載されている分類で，縦軸の個体数を対数で表した時，初期死亡が少なく平均寿命前後に大部分の個体が死亡するⅠ型の例としてヒトが，死亡率がほとんど一定で直線的に減少するⅡ型の例としてヒドラが，1雌あたりの産卵数が多くて初期死亡は大きいがその後の死亡率は比較的小さくなるⅢ型の例としてカキ（海産無脊椎動物）が挙げられている．このように分類した時，鱗翅目の害虫は一般に多産で初期死亡率が高いので，以前はⅢ型と考えられていた．

チョウの幼虫期において作成された詳しい生命表は，国外ではモンシロチョウとオオモンシロチョウ，オオカバマダラ，イチモンジチョウなどについてであり，我が国においても，モンシロチョウとヒメジャノメ，イチモンジセセリ，アゲハ類，ウラゴマダラシジミ，オオムラサキなどに過ぎない．このように並べてみると，チョウとはいえ大部分の種は，農耕地の害虫という視点で作成されている．表2.1に伐採跡地に芽生えたカラスザンショウで生活するナミアゲハの生命表を示した．

表 2.1 伐採跡地におけるナミアゲハの生命表

6年間の平均値で表してある. lx はカラスザンショウ 100 本あたりの生存数を, dx は死亡数, qx は死亡率を示す. Watanabe (1981) を改変.

発育段階	死亡要因	第1世代 lx	dx	100qx	第2世代 lx	dx	100qx	第3世代 lx	dx	100qx	第4世代 lx	dx	100qx
卵		95.3 個			63.0			104.7			322.8		
	生理死と小型捕食動物 (昆虫寄生蜂など)		22.7 個	23.8%		—	—		20.0	19.1		69.4	21.5
	中型捕食動物 (測定誤差を含む)		13.6	14.3		—	—		57.3	54.7		67.1	20.8
	大型捕食動物		21.8	22.9		—	—		0.0	0.0		31.6	9.8
	小計		58.1	61.0		25.0	39.7		77.3	73.8		168.1	52.1
1齢幼虫		47.2 頭			38.0			27.4			154.7		
	アリ類 (トビイロケアリ・クロオオアリ・トビイロシリアゲアリなど), クモの幼生, 不明		3.9 頭	10.6%		—	—		1.4	5.0		27.8	18.0
	クモ類 (ハナグモ・マミジロハエトリなど), 直翅目昆虫 (カンタンなど), 不明		7.9	21.2		—	—		9.2	33.6		30.6	19.8
	大型捕食動物		8.4	22.6		—	—		0.0	0.0		0.0	0.0
	小計		20.2	54.4		10.8	28.5		10.6	38.6		58.4	37.8
2齢幼虫		17.0			27.2			16.8			96.3		
	アリ類 (トビイロケアリ・クロオオアリ・トビイロシリアゲアリなど), クモの幼生, 不明		3.1	18.3		0.0	0.0		0.0	0.0		11.0	11.4
	クモ類 (ハナグモ・マミジロハエトリなど), カメムシ類 (オオメカメムシなど), 不明		0.0	0.2		12.3	45.1		10.1	60.3		26.8	27.8
	大型捕食動物		5.5	32.5		0.0	0.0		3.0	17.7		0.0	0.0
	小計		8.6	51.0		12.3	45.1		13.1	78.0		37.8	39.2
3齢幼虫		8.4			14.9			3.7			58.5		
	病気, クモの幼生, 不明		0.5	5.6		—	—		0.0	0.0		5.3	9.0
	アシナガバチ類 (コアシナガバチ・ヤマトアシナガバチなど)		2.8	33.7		—	—		2.8	75.0		22.6	38.7
	大型捕食動物		2.5	30.3		—	—		0.8	22.5		0.0	0.0
	小計		5.8	69.6		4.2	28.0		3.6	97.5		27.9	47.7

表 2.1（つづき）

発育段階	死亡要因	第1世代			第2世代			第3世代			第4世代		
		lx	dx	$100qx$	lx	dx	$100qx$	lx	dx	$100qx$	lx	dx	$100qx$
4 齢幼虫		2.6			10.7			0.1			30.6		
	病気，不明		0.0	0.0		0.0	0.0		0.0	0.0		2.0	6.5
	アシナガバチ類（コアシナガバチ・ヤマトアシナガバチなど），大型捕食動物		0.2	6.7		2.7	25.0		0.1	88.9		0.0	0.0
	鳥類（ホオジロ・ウグイスなど），大型捕食動物		0.6	21.6		1.3	12.5		0.0	0.0		12.8	41.9
			0.8	28.3		4.0	37.5		0.1	88.9		14.8	48.4
5 齢幼虫		1.8			6.7			0.0			15.8		
	アシナガバチ類（コアシナガバチ・ヤマトアシナガバチ・スズメバチ		0.0	0.0		0.0	0.0		0.0	40.0		0.0	0.0
	鳥類（ホオジロ・ウグイスなど），カマキリ，不明		0.1	7.9		3.4	50.0		0.0	0.0		7.6	48.1
			0.1	7.9		3.4	50.0		0.0	40.0		7.6	48.1
前蛹		1.7			3.3			0.0			8.2		
	不明（鳥？）		0.1	6.9		0.0	0.0		0.0	16.7		0.5	5.5
蛹		1.6			3.3			0.0			7.7		
	脱皮失敗		0.2	14.1		0.0	0.0		0.0	0.0		0.0	0.0
	アゲハヒメバチ		0.8	51.5		1.1	33.3		0.0	16.7		1.3	16.7
			1.0	65.6		1.1	33.3		0.0	16.7		1.3	16.7
成虫		0.6			2.2			0.0			6.4		
死亡率の合計				99.4%			96.5			100.0			98.0

図 2.4　ナミアゲハの 3 齢幼虫（左）と 5 齢幼虫（右）

キアゲハを除き，我が国のアゲハチョウ属の主な寄主植物はミカン科植物である．種によって栽培蜜柑か野生の種に偏るかの違いはあるものの，原則として，雌は寄主植物の葉や新芽に卵を産下することが多い．この産卵行動は，寄主植物の分泌するある種の匂い（産卵刺激物質）によって解発されている．したがって一般的には，寄主植物が若いほど匂いが強いので，卵は小さな寄主植物に選択的に産みつけられる傾向が強い．実際，ナミアゲハの雌は，ミカン圃場では深緑色をしたミカンの旧葉よりも黄緑色をした新芽や展開中の葉に産卵することが多く，伐採跡地のように植生が撹乱された場所では若い小さなカラスザンショウにたくさん産卵している．

普通に産下されたアゲハチョウ属の卵はすべて受精しており，天敵がいなければ，ほぼ 100% 孵化してくる．特徴的な天敵はアゲハタマゴバチをはじめとする体長 0.5 mm 以下のタマゴヤドリバチ類で，その寄生率は 90% 以上に達することもあるという．ダニ類や小型のクモ類，カメムシ類なども，卵に穴をあけて吸汁する重要な天敵として挙げられている．またアリ類は，卵を発見すると巣へ運んでしまう．夏季の終わり頃には，カンタンやツユムシの仲間もアゲハ類の卵を好んで捕食している．ただし，いくらアゲハ類の卵が新芽などに集中して分布しているといっても，全体としての個体群

密度は害虫と比べるとはるかに小さいので、卵密度が比較的高くなった時のミカン圃場を除けば、卵期の死亡率は、非常に高密度となる鱗翅目害虫に比べるとそれほど高くない.

若齢幼虫期における種特異的な天敵は知られていない。アリやサシガメなどの小昆虫と小型のクモ類が天敵として認められているものの、彼らはアゲハ類の幼虫をわざわざ探し出すのではなく、出会い頭に攻撃する程度である。また、4齢期までのアゲハ類の幼虫は、「鳥糞状」の姿をして鳥の攻撃を避けていると考えられてきた（**図 2.4** 左）。たしかに、生命表を作成しても、鳥による捕食圧はほとんど認められない。もっとも、この「鳥糞状」という形態が、本当に擬態として有効に働いているのかどうかを定量的に裏づけたデータは全く報告されておらず、むしろ体の輪郭を曖昧にさせ1個体として目立たなくさせるような分断色の可能性がある（**図 2.5**）。

幼虫が3〜4齢になると、アシナガバチ類が主要な天敵となってくる。これまで攻撃していた小動物は、体格の違いから、もう幼虫

図 2.5　キアゲハの若齢幼虫

ナミアゲハに限らず、アゲハチョウ属の若齢幼虫の体には、中央部に白っぽい帯が生じている.

の敵とはなり得ない．もし攻撃しようとしても，幼虫があの臭角を突きだして振り回すので撃退されてしまう．しかしこの時期以降，幼虫はアゲハヒメバチやアオムシコバチなどの寄生を受けるようになる．ただし，どちらの寄生蜂も幼虫が蛹になった後に脱出するので，たとえ寄生されたとしても，幼虫の外見にはほとんど変化が認められない．したがって，この齢期の死亡率は，見かけ上は比較的低く安定している．

　一見すると「鳥糞状」の姿をして鳥たちの目をごまかしていた幼虫も，5齢に脱皮すると全身が緑色へと変化する（図2.4右）．食欲は旺盛となりグングンと大きくなっていく．5齢幼虫の天敵リストには，アシナガバチ類やスズメバチ類，カマキリ類に加えて，鳥たちも挙げられている．

図2.6　ナミアゲハの蛹から脱出するアゲハヒメバチ
イラスト：松原巖樹

蛹化直前になると，幼虫は歩き回り，適当な場所で糸を吐き，体を固定する．寄主植物にはこだわらない．蛹は周囲の環境にとけ込む隠蔽的な色彩や姿となり，鳥などの捕食者の目を逃れていると説明されてきた．その代わり，この間は幼虫期に寄生したハチやハエが体内から脱出する時期に当たるので，死亡要因としては，種特異的な寄生蜂や寄生バエが挙げられている．特にアゲハヒメバチは重要な死亡要因で，蛹の半数以上が寄生されていることも多い（図2.6）．したがって，蛹の死亡率は思いのほか高いといえる．これらの結果により，アゲハ類の卵・幼虫期における生存曲線は，初期死亡が高いⅢ型よりもⅡ型に近くなっている．その原因は常に低密度個体群であるため，アゲハ類のみを攻撃する種特異的な捕食者が少ないからである．

2.3 寄主植物との相互関係

栽培ミカンに依存せずに個体群を維持しているナミアゲハの場合，主要な寄主植物はカラスザンショウである（図2.7）．この種は植物生態学では「先駆樹種」と呼ばれている樹木で，幹にも葉にも

図2.7 カラスザンショウの実生
幹と葉芯に棘が生えている．

図2.8 カラスザンショウの成木

棘があり,森林が伐採されたり崖が崩れたりして土壌が撹乱され明るくなると一斉に発芽してくる.また,林縁部やギャップなどにも芽生えている.種子から芽生えたばかりの実生がまだ小さい時,その葉はアントシアンが多いので緑色というより赤紫色となり,特有の匂いを強烈に放っている.「先駆樹種」としての性質を遺憾なく発揮するのはこの直後で,伸長生長が早く,わずか1～2年で1～2mに達してしまう.このように高くなった木の羽状複葉の葉からは棘が消え,小葉は硬く厚く深緑色となる.その小葉の切片を観察してみると,柵状組織を構成する細胞は肥大し,表皮細胞の下にぎっしりと詰まり,あの特有の匂いは弱くなってしまう.そして,この頃から分枝を始める(**図2.8**).

ナミアゲハの雌は,カラスザンショウの幼木の葉に好んで産卵する.その葉は幼虫に好まれ,時として幼木が丸坊主にされてしまう.一方,大きくなった木の葉にはほとんど産卵が認められず,わずかに頂芽近辺の展開中の葉のみが産卵部位となる.そこで実験的に,大きくなった木の葉を幼虫に与えて飼育してみると,葉が硬くて食いつけず餓死する個体が多数生じ,1齢期の死亡率はかなり上昇してしまった.次に高い死亡率の見られたのが5齢期末で,下痢

をして死ぬ幼虫が多い．このような原因は，硬くなった葉に蓄積されているタンニンを消化できないためである．したがって，ナミアゲハにとっての生理的に好適な寄主植物とは，芽生えてからせいぜい2〜3年までのカラスザンショウといえよう．なお，他の黒色系アゲハ類は，ナミアゲハよりもやや大きなカラスザンショウを好んでいる．

　アゲハ類の幼虫の食害によって丸坊主にされてしまっても，カラスザンショウはすぐに頂芽から葉を伸ばすことができる．4月に葉を展開し始めてから常に伸長生長を続け，停止するのは9月も過ぎてからであり，この性質は，他種よりも早く大きくなって太陽の光を一身に受けようとしている「先駆樹種」の特徴を遺憾なく発揮しているといえよう．しかし丸坊主にされただけでなく，頂芽までかじられてしまうと話は変わってくる．カラスザンショウは側芽から伸長生長を始めねばならず，隣の植物よりも低い位置から伸長生長を始める結果になり，これは被陰される可能性を高め，もしそうなれば陽樹の宿命として枯れてしまう．このことは，ナミアゲハの幼虫は寄主植物を丸坊主にしても直接枯らすことはないものの，餌不足となって頂芽までかじったような場合には，間接的に枯らすことがあることを示している．もっとも，側芽から葉を展開した場合，その葉は当然柔らかいので，枯れるまでのしばらくの間は，ナミアゲハにとって好適な寄主植物という状況が続くかもしれない．これらの観察結果は，ナミアゲハの幼虫にとっての生息地は二次遷移の初期段階に限定されていることを示すので，一つの生息地が好適である期間は短いといえる．**図2.9**に二次遷移とナミアゲハの関係を示した．

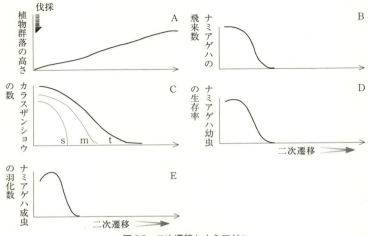

図 2.9 二次遷移とナミアゲハ

森林が伐採されると,二次遷移が開始される.この時,先駆樹種と呼ばれる木本が数多く芽生え,全体としての植物群落は急速に高くなっていく(A).森林が伐採されたということは,林縁部や大きなギャップが生じたことを意味するので,ナミアゲハの成虫の飛翔コースの一つとなり,多くの個体が飛来する.しかし,二次遷移の進行とともに伐採跡地の植物群落の樹高は高くなるので,林縁部やギャップという明瞭な植物群落の境界は不鮮明となっていく.その結果,その場を通過する飛翔コースは消滅するため,成虫の飛来数は激減してしまう(B).一方,ナミアゲハ幼虫にとって好適なカラスザンショウは,森林が伐採されるとたくさん芽生え,生長を開始するものの,二次遷移の進行とともにだんだんと数を減らしていく(C).ここでは,産卵対象となる小さな木(s)と周囲の植物よりも高くなって産卵対象となりにくい大きな木(t),その中間の高さの木(m)の相対的な数の変化で表してある.幼虫の発育にとって好適な木(s)は,周囲の植物によって被陰されやすく,枯死してしまう.したがって,この生息地全体の幼虫個体群の個体数や生存率は年々低下してゆく(D).その結果,実際の成虫の羽化数は減少する(E).ナミアゲハは二次遷移の初期の植物群落を利用し,遷移の進行とともに他の場所へ移らざるを得ないことがわかる.Watanabe (1981) を改変.

2.4 成虫期の生存曲線と分散

卵から幼虫,蛹に至るチョウの未成熟期は,主として寄主植物上

に留まって栄養摂取に励む時代である．ところが，いったん羽化して成虫となると，その活動範囲は幼虫の頃とは比較にならぬほど広がっていく．雄は活発に飛翔して交尾相手を探索し，雌は散在する寄主植物を探し出し，選択的に産卵している．それらの飛翔活動を維持するための源の一つは幼虫時代に摂食した寄主植物に由来する脂肪体で，成虫は腹部内にそれをぎっしり詰めこんで羽化し，日齢の経過とともに消費していく．

野外におけるチョウの成虫の個体群生態学的研究は，彼らが低密度であるために困難と見なされていた．たとえばアゲハ類は，飛翔力が強く，複雑なモザイク状を呈する植物群落を点々と利用している．彼らにとって，一つの閉鎖林分を飛び越すことなどは一瞬に過ぎない．もちろん，高く舞い上がれば上空の風に流されて心ならずも長距離を移動してしまうこともあるだろう（図 2.10）．しかし，飛翔力の強い昆虫は地表近くを，弱い昆虫は高空を飛ぶという一般原則はチョウにも当てはまりそうである．

アゲハ類の成虫の飛翔経路には，ある種の制約のあることが知られている．たとえば，キアゲハは明るい草地を好み，ナミアゲハは森と草地の間を好んで飛翔し，クロアゲハやモンキアゲハなどの黒色系アゲハ類の飛翔経路は林内やギャップであった．ただし，この

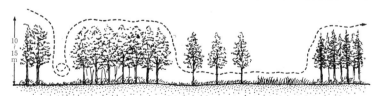

図 2.10 植物群落に対応したナミアゲハの飛翔経路の例
樹林内にできたやや大型のギャップ内は飛翔するが，密生した樹林では樹冠部を飛び越え，疎林では林内を飛翔している．しかし，完全に明るい草地を好むわけではなく，飛翔経路は半日陰であることが多い．渡辺（2007）を改変．

ような経路をきちんと守って飛翔するのは雌よりも雄が多い．したがって，一般にいわれる「蝶道」とは，このような雄たちが辿る飛翔経路を指している．低山地帯におけるナミアゲハは相対照度が10〜50% の地点を好んで飛翔し，これ以上の明るさの所では，チョウは飛翔しても経路は一定せず，これ以下の明るさの所では飛翔しない．野外において，相対照度が10% 以下とは樹冠の欝閉した閉鎖林内を，50% 以上とはあまり遮蔽物のない草地を意味している．したがってナミアゲハは，結果的に林縁部に沿って1〜3 m 程度の高さを飛翔してしまうことになり，そこは寄主植物と吸蜜植物の集まっている一帯であった．

　黒色系アゲハ類はナミアゲハより閉鎖的な環境を好んで飛翔し，この飛翔行動の説明は，長い間，彼らのもつ黒い翅が太陽の輻射熱をよく吸収するので，体温の上昇を防ぐために夏季の炎天下の直射光を避けているとされてきた．しかし近年，アメリカにおけるクロキアゲハの体温測定結果などにより，黒い翅が熱を吸収しても体温は上昇せず，腹部に当たる直射日光こそが体温上昇に重要であることが明らかにされている．実際，クロキアゲハは天気の良い日に草地で休息している時，腹部を常に黒い翅の陰に入れて太陽の直射を避けているそうで，黒い翅は，ちょうど，我々の日傘のような役割を果たしていたという．現在では，アゲハ類に限らず多くのチョウにおいて，体温調節に翅の色彩が重要とは見なされなくなった．信州のスキーゲレンデに生息しているモンキチョウの場合，夏季の炎天下で活発に飛翔できる理由は，飛翔中に体に当たる冷涼な空気により，胸や腹の体温が常に冷却されているからである．逆にいえば，飛翔しなければ直射光により体温が過度に上昇してしまうので，モンキチョウは体温調節するために，あえて炎天下でも飛翔せざるを得なかったといえよう．

② アゲハ類の生活史　29

　野外における成虫の寿命を推定するためには，今のところ標識再捕獲法が唯一の方法となっている．この方法を適用するためには多くの前提条件を満たさねばならないが，特にチョウの場合は，かなり高い再捕獲率を得るための工夫や，羽化が斉一でないことをどのように補正するかが重要である．また，比較的寿命が長いために，世代の重なりを考慮せねばならない種も多い．したがって，標識再捕獲調査を行なう時には，単に捕獲した個体に標識を施すだけではなく，その個体の羽化後の日齢を推定しておくことが第一歩となる．

　一般にチョウは，羽化後，飛翔活動などによって翅の鱗粉は脱落していく．また，翅自体（正確には「翅面」という）は乾燥して硬くなっていく．そこで，羽化後の日齢の推定には，翅の汚損状態を指標として4〜5段階の「エイジ」に分ける方法が用いられてきた（**図2.11**）．すなわち，羽化したばかりで翅がみずみずしくしなやかで鱗粉が全く損なわれていない個体をFF，鱗粉がはげ落ち翅面は硬くボロボロとなってようやく飛んでいるような状態の個体をBBBとし，その中間を3段階（F，B，BB）に分けている．標識再捕獲調査や戸外に設置した網室内での観察などから，アゲハ類のたいていの雌は，それぞれの段階を平均3日で通過するといわれている．このようにして調べられたアゲハチョウ属の成虫期の平均寿命は約2〜3週間であり，その後明らかにされてきた他種の寿命も同様であった．夏眠や成虫越冬などの特殊な生活史をもつ種を除けば，この寿命の長さは，温帯産の多くの種で同様であるらしく，チョウの成虫の寿命は長くても1ヶ月ほどと結論づけられている．

　チョウの成虫の生存曲線は，羽化後しばらくの間は死亡率が低く，日齢が進むにつれて高くなるという哺乳類のような死亡過程を示している（**図2.12**）．チョウの飛翔は一般に気流（風）に影響を

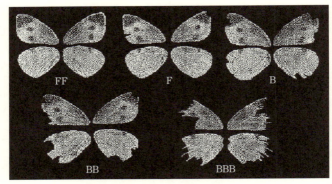

図2.11 5段階のエイジに分けられたモンシロチョウ

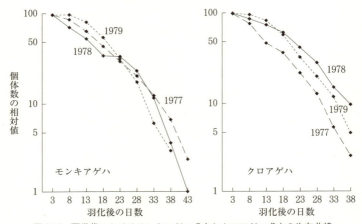

図2.12 夏世代におけるモンキアゲハ成虫とクロアゲハ成虫の生存曲線
調査地(小高坂山)にいくつかの調査地点を設定し,飛来した成虫の翅に油性ペンで標識を施して,その後連日再捕獲を試みたデータをまとめてある.羽化後数日の間の死亡率が極端に低くなっていることが特徴といえよう.Ban et al. (1990) を改変.

受けるので,もし鳥が飛翔中の個体を狙っても,自分自身の羽ばたきによって生じる気流がチョウの飛翔経路を思いも寄らぬ方向へ変化させてしまい,うまく捕獲することは難しい.しかも,大型の

チョウの大きな翅は，少々傷つけられても飛翔行動に影響を与えない．また，寝込みを襲われ翅に「ビークマーク（鳥の嘴型）」をつけられても，ほとんどのチョウは活発に飛び回れる．飛翔中にクモの巣にかかっても，翅の一部を犠牲にすれば脱出できるに違いない．これらの習性は，日齢の若い個体であればあるほど翅がしなやかで鱗粉に富んでいるため有利となり，その結果として初期死亡率は低くなっている．すなわち，成虫期の主な捕食者として鳥と造網性クモ類が挙げられてはいても，これらは日齢の進んだ個体の死亡要因なのである．なお，成虫の捕食者には，トンボ類やカマキリ類，ムシヒキアブ類，トカゲ類なども含まれる．

2.5 蜜源植物の動態と分布

アゲハ類の成虫の主な吸蜜場所は，林縁部や人間による影響の強い場所が多い．開放的で明るく，様々な草本や木本の花が咲いているからである．これまでに数多くの花が吸蜜源として記録されてきたが，低山地帯における夏季の吸蜜源としてはクサギの花が最も重要である（図 2.13）．クサギもカラスザンショウと同様に「先駆樹種」として知られ，林縁部や林内のギャップに出現している．ただ

図 2.13　クサギ

し，カラスザンショウよりも分枝する傾向がはるかに強く，開けた場所では「灌木のお化け」のような樹型となるのが特徴である．花期は 1 ヶ月以上あり，その間に多いと 20,000 個以上の花を咲かせているが，一つ一つの花の寿命は約 3 日に過ぎない．蜜量を測定してみると，一つの花の生産できる総蜜量は 10 μL 弱で，大きなクサギの木は 1 シーズンに 170 mL 近くの蜜を生産できることになる．なお，蜜に含まれる糖はグルコースとフルクトース，スクロースの 3 種で，全体として約 10〜20% の濃度である．

　1 本のクサギの生産する花の数は，木の高さと枝張り，樹冠部の大きさ，光条件などによって推定できるので，これらを調べることでいろいろな大きさのクサギが生産する花の数を推定し，蜜量を計算することができる．したがって，もしアゲハ類の成虫の飛翔範囲を特定し，その中に生えているクサギを調べることができれば，アゲハ類の成虫が蜜資源を利用している状況を評価できると考えられた．

　詳しい研究は高知市の小高坂山で行なわれた．桐谷圭治先生が見つけたこの場所は周囲を市街地に囲まれた「隔離された里山」で，昔から墓地として使われていたためか，一部に極相林も残存する二次林で覆われ，所々に畑も作られている．ここにはナミアゲハをはじめ，キアゲハやクロアゲハ，モンキアゲハ，ナガサキアゲハ，カラスアゲハ，オナガアゲハなど，生息していたアゲハ類の種数は多かった．そのうち，個体数の多い黒色系アゲハ類 3 種（クロアゲハ，モンキアゲハ，ナガサキアゲハ）について標識再捕獲調査を行なうと，夏季の日当たり個体数は合計で約 500 頭であった．彼らはあまり市街地へは出ずにこの里山の中で生活している．室内実験によると，1 頭が必要とする 1 日あたりの糖溶液（10% 濃度に換算）は 100 mg 以上なので，1 頭の成虫は 1 日に少なくとも 100 μL 以上

の蜜を摂取して活動していたに違いない．すなわち，黒色系アゲハ類の成虫のためだけに，この里山は1日50 mLを超える蜜を供給していたはずである．この場所で花を咲かせているクサギは大小とり混ぜて280本あった．それぞれのクサギの樹高や樹冠の大きさなどを測定して咲かせる花の数を推定し，合計したところ，総開花数は約70万，総蜜生産量は約6,000 mLと計算された．これを開花期間の30日で割り算し，アゲハ類が必要としている蜜量と比較してみた．その結果，成虫がクサギの生産した蜜だけを摂取していたと仮定すれば，総生産量の約24%をアゲハ類が消費していたことになる．残りは，アリ類やハチ類，スズメガ類が消費したと考えられた．

アゲハ類の蜜源として考えると，たくさんの花を咲かせる大きなクサギであればあるほど，成虫にとって好適であるに違いない．そのようなクサギは林縁部に多く，「蝶道」を辿ればほぼ必ずそこへ行き着いてしまう．大きなクサギのある場所へはたくさんの蝶道が集まってくるので，ちょうど鉄道のターミナル駅にたとえることができる．駅にはいろいろな人が集い，そして旅立っていく．雌雄を問わず種を問わず，アゲハ類の成虫はクサギに集まり，そして去っていくのである．成虫にとっての生息地とは，このような蜜源ターミナルと産卵場所のネットワークであるといえよう．産卵場所はすなわち幼虫個体群の生息地であり，このような地域個体群の生息地とは，ギャップや林縁部，伐採跡地などであった（図2.14）．先駆樹種としての寄主植物の伸長生長は早く，二次遷移の進行も早い．人間による撹乱もある．したがって，これらの生息地の好適性は，アゲハ類にとって長続きはしないだろう．しかし一方，これらの生息場所へは，頻繁に撹乱される場所を辿れば必ず行き着き，寄主植物は常にそのどこかで芽生えている．このようにして新しく生じた

図 2.14 千葉県の低山地帯において見られたアゲハ類の蝶道と植生景観

主要な寄主植物であるカラスザンショウは植物群落の境界やギャップに出現し、蝶道はそれらを辿るように形成されている。●はナミアゲハの産卵が確認されたカラスザンショウの位置，○は産卵の確認されなかったカラスザンショウの大木の位置を示す。▲はナミアゲハの産卵が確認されたサンショウで，おおむね植物群落の境界付近に位置している。一方，△は産卵の確認されなかったサンショウで，閉鎖的な林内に位置している。吸蜜源となるクサギは，植物群落の境界に散在している。Watanabe (1979) を改変．

産卵場所が雌に気づかれぬはずはない．したがって，成虫の飛翔範囲を考えると，いくつかの植物群落がモザイク状に集まった植生景観が安定して存続している限り，地域個体群の生息地は必ず確保されている．

2.6　メタ個体群と景観

　寄主植物が特定の植物群落と結びついていたり，その植物群落の周囲の環境が極端に厳しかったりした時，チョウはその全生活史を当該植物群落内で完結できることがある．このような場合，多くの成虫がその植物群落内に留まろうとし，結果的に「種の分布はパッチ状」となってしまう．それぞれの地域個体群は互いに独立しがちとなり，長期間にわたって観察すれば，これらの地域個体群のうちある場所では絶滅し，ある場所では個体数を増やすであろう．また，絶滅した場所に再び侵入し定着するかもしれない．すなわち地域個体群の個体数変動はほぼ独立しているとはいえ，多少なりとも移動・交流は必ずあることがわかってきた．このようにそれぞれが独自に変遷しているように見えるが，互いの交流が多少ともあった場合，地域個体群の集合体全体は，一段高い視野から「メタ個体群」と認識されている（図2.15）．

　メタ個体群の動態においては，生息地間の移動・交流が重要な要素となっている．すなわち，大部分が独立しているとはいえ，移住によって相互にある程度の関連性があるような地域個体群として存在することが種の存続を保証しており，このような個体群構造が大規模な絶滅のリスクを低減すると考えられてきた．したがって，景観がモザイク的で，その中のいくつかの植物群落が特定のチョウの生息地だった場合，それらの生息地を分断して地域個体群の移動・交流を妨げると，地域個体群は絶滅することを意味している．移動

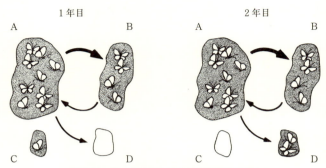

図 2.15　チョウにおけるメタ個体群の概念図

チョウの生息している場所に影がつけてある．矢印はチョウの移動を示し，太さは移動するチョウの数に対応している．生息地 A の個体数は多く，このチョウの発生中心といえ，移出個体が移入個体よりも多い．生息地 B は A からの移入個体で個体群が維持されているようなものである．生息地 C は，翌年絶滅した．一方，生息地 D は，A からの移入個体のおかげで，2 年目にチョウが生息するようになっている．Hunter (2002) を改変．

能力が低く寄主植物を含む植物群落に定住しがちな草地性の種は景観の改変に敏感といえ，保全生態学の重要課題となってきた．

　アゲハ類やシロチョウ類では，様々な植物群落内に吸蜜植物や寄主植物が存在し，成虫はそれらを巡って飛翔し，特定の植物群落と結びついて生息しているわけではない．それぞれの種の飛翔能力に限界はあるものの，彼らは広範囲に分布し，交雑しているのである．したがって，成虫の移動・交流の面から考えると，これらの種は地域個体群として認識されることはなかった．とはいえ，日本において人間の活動がまだあまり活発でなかった頃までは，アゲハ類の密度は低く保たれていたはずである．人間活動が盛んになって林が伐り開かれたり，各種のミカンが栽培されたりするようになると，アゲハ類にとっての生息環境は好適となり，個体群密度が上昇したと考えられる．このように人間の営力による環境改変がチョウの生息環境の拡大に寄与したと思われる例として，モンシロチョウ

をはじめとしていくつかの種が挙げられてきた．しかし，現在，人間の環境改変の力は以前と比べるとはるかに巨大となり，景観の多様性の維持よりも経済効率が優先されるようになっている．景観が単純化すれば地域個体群自体を存続できない．かつては氷期の繰り返しや微地形などによる植生景観の変遷と多様性が多くの種の生存を維持していたが，今や人間の景観改変の力がそれにとって代わり，チョウの生息環境は悪化しつつある．

③

成虫の訪花行動の意義

3.1 エネルギー源としての花蜜

　花蜜を吸い花粉媒介するチョウの口吻の長さは，好んで訪れる植物の花冠の長さに適応している．もちろん，口吻の短いチョウは長い花冠の花の蜜を吸えないが，一方で，長い口吻をもつチョウが短い花冠の花の蜜も吸うことは多い（**図 3.1**）．すなわち，チョウの場合，ある程度の長さの口吻をもっていれば多種多様な花の蜜を吸うことができるので，特定の花だけを訪れるような関係は滅多に存在しないのである．多種多様な花に訪れたチョウなら，翅などに付着している花粉も多種多様となっているに違いない．

　植物にとって，チョウは花粉媒介の効率が良いとは言いがたい．むしろ，特定の花と 1 対 1 で結びついているハナバチ類のほうが，チョウよりもその植物にとって効率的な花粉媒介を行なってくれる．その結果，受粉生態学や昆虫−植物の相互進化という研究の主題の一翼を担うはずであったチョウの研究は，ハナバチ類ほどには

図3.1 ムラサキツメクサを吸蜜中のイチモンジセセリ

発展してこなかった.しかし,現在,チョウの成虫の広範囲な飛翔活動が,遠く離れて咲いている花の間での花粉媒介の役割があるとされ,チョウの花粉媒介が再認識され始めている.

いずれにしても,比較的寿命の長いチョウの成虫にとって,花蜜は活動のための重要なエネルギー源であり,チョウにとっての吸蜜の生理生態学は大きな問題である.なお,平均寿命が約半年といわれる南米のドクチョウの仲間は花粉を"食べる"ことが明らかにされているが,日本産のチョウにそのような例は報告されていない.

花蜜を構成する糖類は,二糖類のスクロースが最も多く,単糖類であるグルコースとフルクトースが加わって3種類から成り立つのが普通で,まれに,マントースやマルトースも検出されてきた.アミノ酸も2〜4種類含まれてはいるが,ごくわずかな量なので,飛翔などを含む体の維持や雌の卵生産などの栄養源としての効果は小

さく，吸蜜しか行なわない種では重要視されていない．

　花蜜に含まれる糖の濃度や組成比は，種特異的であるだけでなく，気温や湿度，花齢などによって変化するのが普通である．クサギの場合，開花直後の花ではスクロースの優占した3種の糖で構成されているが，アゲハ類に吸蜜されて現存量が減少すると，スクロースの割合が減少する．

　一つの花に雄しべと雌しべが存在する場合，雄しべの花粉が同じ花の雌しべの柱頭に付着するという自家受粉の生じない機構が多くの種に存在する．たいていは，開花後の雄しべと雌しべの成熟速度に差があり，雄しべの葯の裂開が早い．この時期の花を送粉期という．訪花昆虫などによって花粉がほとんど消失した頃に，雌しべの柱頭は花粉の付着を受け入れる形態的・生理的準備が整うのである．したがって，結果的に雌しべは他の花の花粉を得るといえ，この時期を受粉期という．すなわち，多くの花は他家受粉なのである．

　一般に花が蜜を分泌する量は，送粉期で少なく，受粉期で多い．花粉が雄しべからチョウの翅に付着する効率は良く，チョウの翅に付着していた花粉が雌しべの柱頭に付着する効率は悪いので，花粉媒介を目的とする植物にとって，一つの花における1頭のチョウの滞在時間は，前者では短く，後者では長いほうが適応的である．3日間の寿命しかないクサギの花では，送粉期の花蜜の現存量は2 μL，翌日には5 μL，受粉期の最後となる3日目には10 μL弱となっている．花齢による蜜の分泌量の変化は，花粉媒介にとって効率が最適となるように，訪花昆虫の振る舞いに対応して進化した結果といえよう（**図3.2**）．

　モンシロチョウやスジグロシロチョウが訪花するイヌガラシの場合（**図3.3**），小さな花が上向きに咲く皿状花のため，花蜜の現存

　　　　Ⅰ　　　　　　　　　　Ⅱ　　　　　　　　　　Ⅲ

図3.2　夏季のアゲハ類の主要な吸蜜植物・クサギの花の雄しべと雌しべの形態変化
花期は7月末から8月末までの約1ヶ月間であるが，一つ一つの花の寿命は3日程度に過ぎない．この間，雄しべと雌しべの向きが毎日変化し，それによって3段階に分けられている．すなわち，開花初日のⅠは雌しべが未成熟で雄しべだけが上を向くいわゆる「送粉期」にあたり，雌しべが成熟を始めた2日目と雄しべが萎れた3日目は「受粉期」といえる．渡辺 (2007) を改変．

図3.3　イヌガラシの花

量や濃度は，夜露の付着や昼間の蒸発に大きく影響を受けている．すなわち，夜間の放射冷却によって花弁の表面に生じたごく小さな水滴は中央に溜まり，蜜腺へと流れ込むため，早朝の花蜜の濃度は大変低くなってしまう（**図3.4**）．そして，太陽が昇るに伴い，直射日光によって花蜜は蒸発し，濃度は上昇していく．その結果，一般に，糖濃度の低くなっている深夜から午前中までの花へは細長い口器をもつチョウやスズメガ類が訪れる．午後になって糖濃度が高くなると，口器の短いハナバチ類やハナアブ類が集まってくる．糖濃度の高い花蜜は粘性が高く，細長い口器をもつ昆虫にとっては吸飲

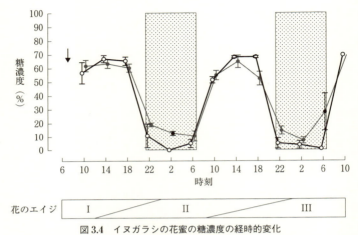

図 3.4　イヌガラシの花蜜の糖濃度の経時的変化

道ばたなどに見られるイヌガラシの花は黄色い小さな皿状花で，個々の花の寿命は2日程度である．開花は朝に始まり，夜にかけて蜜分泌量は増加していく．灰色の線は，チョウやハチ，アブ，アリなどの蜜利用者を排除した場合の糖濃度の変化を示す．矢印が開花時刻．点で囲った部分は夜間であることを示す．皿状花のため太陽直射を受けやすく，日中の蜜の糖濃度は上昇しがちである．糖濃度が60%を超えると蜜はとろりと飴状になり，部分的には結晶化してしまう．これはアリにとっての好適な餌となるが，チョウは利用できない．渡辺（2007）を改変．

しにくくなるからである．

　野外で捕獲したモンシロチョウ属の成虫に，直ちに様々な濃度の糖溶液を与えて吸飲量を測定すると，20%の糖溶液を最も好むことがわかってきた．一般に，口吻をもつチョウのような昆虫では，単位時間あたりに得るエネルギーを最大にするためには，［エネルギー含量／蜜体積］が最大で，［摂取時間／蜜体積］が最小になるような蜜が最適である．糖濃度が高くなれば［エネルギー含量／蜜体積］は増加するが，粘性も増加するために時間あたりの吸蜜量は低下し，［摂取時間／蜜体積］は大きくなってしまう．これらの要因を勘案した数理モデルによると，チョウの吸飲にとっての最適糖

濃度は 20〜25％ である．

3.2 雌の蔵卵数

雌の蔵卵数を調べるためには，腹部を解剖しなければならない．まず，実体顕微鏡の下で先の尖ったピンセットを 2 本用いて外側のクチクラ層を丁寧に剝してゆく（**図 3.5**）．エイジが FF（2.4 節）の個体の場合，脂肪体が内臓の外側をぎっしりと取り巻いている．次のエイジの段階になると，空気の入った袋でクッションのような役割をもつエアサックが出現し，エイジの進行とともに大きくなっていく．一方，脂肪体の体積は，B の段階になると半分以上減ってしまうので，脂肪体の間から卵管中の卵が見えるようになる．最もエイジの進んだ BBB ではエアサックが腹部の半分以上を占め，脂肪体はほとんどなく，卵と消化管，交尾嚢が露出していることも多い．

脂肪体を少しずつ取り外しながら，ピンセットでゆっくりと輸卵

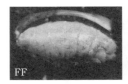
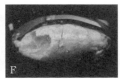

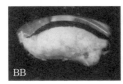

図 3.5　ナミアゲハの雌の腹部クチクラを剝がした直後

FF の個体では，大量の脂肪体が生殖器官や消化器官を含むすべての内部器官を覆いつくしており，エアサックも認められない．日齢が進んで F となるとエアサックが出現し，胸部に近い部分の脂肪体が落ち窪んでいるのがわかる．脂肪体の減少により，B の日齢以降，丸い大きな成熟卵が直接認められるようになってくる．

管を引き伸ばしてゆくと，それは左右4本ずつの卵巣小管へと続いている．輸卵管の一番出口に近い所にある卵は肉眼でも見ることができるほど大きく，実際に産下された卵と大きさにほとんど違いはない．輸卵管から卵巣小管の先までずうっと辿ってゆくと，卵の大きさは徐々に小さくなり，ついには実体顕微鏡の倍率を100倍ほどに上げなくては見えなくなってしまう．そのあたりの卵にはもう卵殻はなく，少し大きめの細胞が1列に並んでいるようにしか見えない．

そこで，卵は大きさなどによって3段階に分類されて数えられてきた（図 3.6）．すなわち，成熟卵とは，産下された卵とほぼ同じ大きさと色（アゲハ類の場合はたいてい黄色）で，卵殻がしっかりと形成されている卵である．亜成熟卵はやや小さくて色が薄い．卵殻は未発達で，実体顕微鏡の落射光をキラキラと反射しないために成熟卵とは簡単に区別できる．未熟卵の色はまだ白く，直方体に近い

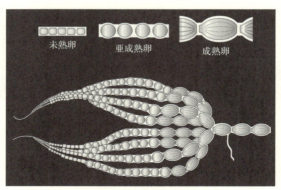

図 3.6 シロチョウ科の卵巣

多くのシロチョウ科における産下卵の形は，縦長で中央部がやや膨らむ砲弾型で，尖った頂きから下方に数十条の縦溝が存在する．雌体内に見られる成熟卵は，クチクラが発達してこの縦溝が生じているため，確認しやすい．亜成熟卵には縦溝がなく，球形に近い形である．

表3.1 野外で捕獲したナミアゲハの雌がもっていたエイジ別の卵数

Watanabe & Nozato (1986) を改変.

	エイジ	FF	F	B	BB	BBB
春世代	調べた雌の数	17	19	15	8	5
	成熟卵数	17.8 ± 4.9	25.6 ± 4.8	23.9 ± 3.5	17.8 ± 3.3	16.0 ± 9.3
	亜成熟卵数	54.9 ± 6.2	55.5 ± 6.8	31.4 ± 7.6	14.1 ± 1.8	8.6 ± 1.9
	未熟卵数	525.6 ± 49.7	443.8 ± 41.2	280.3 ± 38.2	186.0 ± 41.6	128.0 ± 19.4
	総卵数	602.9 ± 51.0	524.8 ± 40.7	335.6 ± 44.8	217.9 ± 41.6	152.6 ± 19.9
夏世代	調べた雌の数	37	64	50	30	24
	成熟卵数	46.8 ± 4.6	58.3 ± 4.0	47.4 ± 3.4	36.9 ± 3.2	24.7 ± 3.7
	亜成熟卵数	48.4 ± 3.3	48.0 ± 3.6	38.9 ± 3.0	28.0 ± 2.4	17.2 ± 1.6
	未熟卵数	475.0 ± 21.4	460.2 ± 19.7	367.7 ± 21.8	359.8 ± 35.2	274.5 ± 26.4
	総卵数	569.7 ± 21.4	567.2 ± 17.2	453.9 ± 21.8	426.0 ± 35.9	316.5 ± 28.9

形をしている。このように分類して，ナミアゲハの卵巣小管の先まで"卵"の数を全部数え，エイジごとにまとめたものを，**表3.1**に示した。

　ナミアゲハの成熟卵は，羽化後数時間以内に一定の数まで増加し，交尾という刺激を受けるまでそのまま保たれている。したがって，野外で全くの羽化直後の雌を捕らえると，交尾前でもあるため成熟卵がまだ充分にできていない個体に出会うこともまれではない。FFの成熟卵の平均値がFやBと比べてやや低いのはこの理由による。また，1日のうち，産卵が終わってしまった個体を捕獲すれば，成熟卵の数は少なくなっているに違いない。

　3種類に分類された卵の数もそれぞれが日齢に伴って減少し，その減少傾向は，成熟卵よりは亜成熟卵，亜成熟卵よりは未熟卵のほうに強く現れる。ナミアゲハを含め多くのチョウでは，いったん羽化すると日齢の途中で新たに未熟卵を作り出すことはしない。したがって，羽化直後の総保有卵数が最大可能な蔵卵数といえる。

　ナミアゲハの場合，春型と夏型の雌で蔵卵数に大きな違いはな

く，どちらもせいぜい600個程度である．ただし夏型に比べて小型の春型の雌は，夏型の雌と比べて約半分の成熟卵しかもっていない．また，産下直後の卵の直径は，前者で1.15 mm，後者で1.20 mmが標準的なので，春型の雌はやや小さめの卵を作ることで，蔵卵数を稼いでいるといえよう．なお，ナミアゲハよりも大きい黒色系アゲハ類の場合，ナミアゲハよりも大きな卵を産下するので，蔵卵数は比較的少ない．クロアゲハやモンキアゲハの蔵卵数は400〜500個である．一方，ナミアゲハよりも小さいアメリカのクスノキアゲハは430個程度である．さらに小型のシロチョウ類の場合，実際の産下卵の大きさもアゲハ類より小さいが，モンシロチョウで500個前後，スジグロシロチョウで350個前後，タイワンモンシロチョウで300個前後である．しかし，同じシロチョウ科でも，モンキチョウの腹部はモンシロチョウの2倍は太いため，蔵卵数は800個を数えている．シロチョウ類よりもさらに小型のベニシジミの場合，雌の蔵卵数は300個に過ぎない．

体内で亜成熟卵から成熟卵へと卵を成長させるのにある程度の

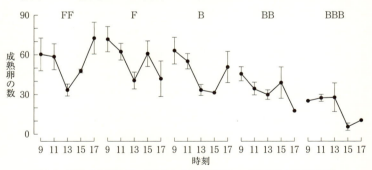

図3.7　野外で生活しているナミアゲハの雌がもつ成熟卵数の時刻別変化
FFの個体では，昼過ぎに30卵近くまで低下した卵数が夕方には回復していることがわかる．エイジの進行とともに，朝（≒産卵活動前）にもっている成熟卵数は減少し，夕方の回復も難しくなってくるといえよう．Watanabe & Nozato (1986) を改変．

時間がかかるとすれば，成熟卵数の時刻別変化（特に減少）は少なくともその時間帯に産卵が起こっていたことを意味している（図3.7）．その時間帯は，ナミアゲハの春型の雌では昼前後，夏型の雌では午前中であった．この結果はこれまでの野外における産卵行動の観察結果と矛盾しない．その日当たり産下卵数は多くて30個，少なくて15個といえ，成虫の寿命を約2週間と推定し，羽化当日には交尾し，翌日から産卵を始めるとして計算すると，ナミアゲハの生涯にわたる実際の総産下卵数は平均約300個となる．したがって，ナミアゲハの雌は，実際に産下する卵の数の約2倍は体内に用意していたといえるかもしれない．

3.3　摂取糖量と雌の卵生産能力

チョウの成虫が訪花して花蜜を吸う理由は，主として体の水分補給と飛翔エネルギーの補給である．成虫の体は小さいため，体積に比べた相対的な表面積が大きくなり，常に水分が体から失われている．しかも，多くの種は直射光の下や暖かい場所を好んで活動しているので，潜在的に脱水症状の生じる危険をはらんでいるといえよう．したがって，花蜜からの水分補給は必須である．室内で何も与えずに飼育したナミアゲハが1週間で死んでしまい，死亡時の体重は羽化時の43%に減少してしまうのに対して，水を毎日与えただけで体重の減少は緩やかとなり，寿命は倍の2週間に延びている（図3.8）．

花蜜の摂食は，水とともに含まれている糖の摂取をもたらし，飛翔エネルギーの源になっている．活発に飛翔できれば，鳥などの天敵から逃れやすくなるだろう．新たな花も見つけやすくなり，さらなる吸蜜でより活発に飛翔できるに違いない．そうなれば，雌雄の出会いの機会も増え，より良い交尾相手を選んだり，気に入らない

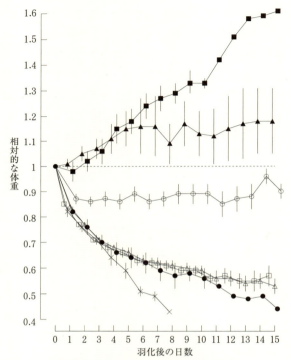

図 3.8 ナミアゲハの雌の羽化後の体重変化

羽化直後の体重を基準とした相対的な変化を示している．それぞれの個体は，すべて三角紙の中に入れ，室内の薄暗い場所に静置している．何も与えず飢えさせた個体は×，毎日水のみを与えた個体は●で示した．前者の寿命は約 1 週間に過ぎない．ショ糖溶液を与えた個体では，0.1% 溶液（□）と 1% 溶液（△）の場合は水のみを与えた個体と同様の体重減少を示したが，10 日を過ぎる頃から差が生じている．10% ショ糖溶液を与えた個体（○）は羽化時体重よりやや少ないものの，約 2 週間，体重を維持している．20% ショ糖溶液を与えた個体（▲）は羽化時体重からの増加傾向が認められ，50% ショ糖溶液を与えた個体（■）はさらなる体重増加が認められた．Watanabe (1992) を改変．

交尾相手から逃れたりすることも可能となるであろう．神経系の維持にも，摂取した糖が役立っているともいわれている．

花蜜中の糖の摂取は一方で，羽化時にもっていた脂肪体の消費量にかかわる重要問題である．花蜜をあまり摂取できない状況になると，チョウの成虫は脂肪体を吸収して活動エネルギーに変換しなければならない．脂肪体はタンパク質にも富んでいるため，エネルギー源としても都合が良いが，雌にとっては卵成熟の原料でもある．すなわち，飛翔エネルギーを花蜜に頼ることができれば，可能な限りの脂肪体を卵成熟の栄養に回すことができ，結果的に産下卵数を増加させることができる．

花蜜中の糖は，見かけ上，卵成熟を促進させることがナミアゲハの雌で明らかにされた．処女雌に 0.1% や 1% のショ糖溶液を与えると，水を与えた個体とほとんど同様の経時的な体重減少を示し，

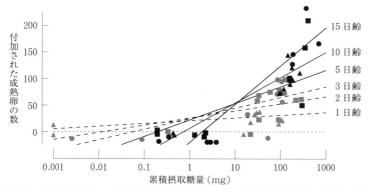

図 3.9 水のみを与えたナミアゲハの雌の保有していた成熟卵に糖を摂取したことで付加された成熟卵の数と摂取糖量との関係

1 日齢（$r^2 = 0.25$, n.s.）と 2 日齢（$r^2 = 0.20$, n.s.）では有意差が得られず，3 日齢以降で摂取糖量による効果が認められている．3 日齢：$r^2 = 0.72$，5 日齢：$r^2 = 0.96$，10 日齢：$r^2 = 0.32$，15 日齢：$r^2 = 0.77$．図中の記号は様々な濃度の溶液を与えた個体を示す．Watanabe (1992) を改変.

脂肪体の減少と蔵卵数の減少も生じてしまう．ところが，10% や 20% のショ糖溶液を摂取させると，体重は減らず，体内における卵成熟も盛んになる．その結果，体内に保持する成熟卵の数は増加していく．日齢別の蓄積摂取糖量と付加された成熟卵数は正の関係を示すのである（図 3.9）．

3.4 雄の生殖器官

チョウの雄が雌と出会って交尾を行なうために，多くの種では探雌飛翔を行ない，一部の種では縄張り行動などを示している．後者の種の雄は，縄張りの中で静止することが多いとしても，ライバルの雄が侵入しようとすればダッシュで攻撃を仕掛けて追い払い，雌が飛来すれば直ちに恭しく迎え入れなければならない．したがって，どのような繁殖のための振る舞いであっても，雄の体内には活発な飛翔を行なえるだけのエネルギーが蓄えられているに違いなく，その源は，羽化時までに体内で作った脂肪体と摂食した花蜜の栄養分（≒糖）といえる．

雄の生殖器官において，二つの精巣は融合しているが，それぞれから附属腺が伸びているので，精子はそれぞれの貯精嚢に溜められている．図 3.10 に示すように，貯精嚢は射精管に繋がり，附属腺もほぼ同位置で繋がっている．この位置関係は，まず，附属腺物質と精包物質が射精管内に充塡された後，精子が移動することを意味している．その結果，交尾では最初に附属腺物質が注入され，次に精包物質が注入され，最後に精子が移動するという順番になる．アゲハ類の場合，雌の交尾嚢内に附属腺物質が溜まるので，附属腺物質と精包，精子の位置関係は図 3.11 のようになっている．この結果，射精管内の附属腺物質の量が決まった後でないと精子は注入できない．すなわち，射精管に入れてしまった附属腺物質や精包物質

3 成虫の訪花行動の意義 51

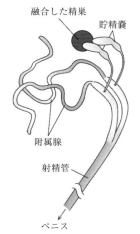

図 3.10 アゲハ類の雄の生殖器官の模式図
Sasaki *et al.* (2015) を改変.

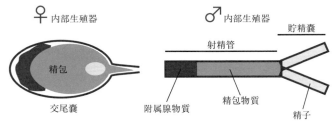

図 3.11 アゲハ類の雌雄が交尾した際におけるそれぞれの物質の配置の模式図
雄の射精管の先端部分には附属腺物質が，その奥には精包物質が準備され，最奥に精子があるので，これらの物質を注入した後でないと精子は雌へ移動できない．この物質の配置は，雌の交尾嚢内における物質の配置に反映されている．すなわち，交尾嚢の最奥に附属腺物質が溜まり，その手前に精包が形成され，精子がその中に注入されることになる．

を，何らかの理由で附属腺の中へ戻そうとしても，すでに精子が連なっているため，戻すわけにはいかないのである．一方，精子は貯精嚢に留めておくことができるので，交尾において雌への注入物質量を雄が制御できるのは，精子量だけといえよう．

附属腺において生産される附属腺物質は高タンパクのため，雌の卵生産に匹敵するほどのコストがかかる場合が多い．したがって，雄の生理状態によっては少量しか生産できない場合もある．それに対応して，射精管は弾力性に富み，充塡された附属腺物質と精包物質の量によって長さは変化している．すなわち，これらの物質が充満している未交尾の雄の射精管は長く，交尾して間もない雄では，附属腺物質や精包物質の生産が間に合わないので短くなるのである．アメリカのアリゾナ州に生息するアオジャコウアゲハの雄では，交尾後の射精管の長さは未交尾雄の射精管の半分以下になってしまう（**図3.12**）．

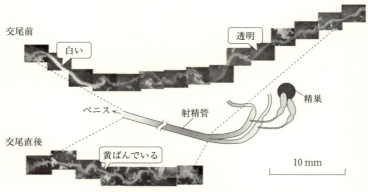

図3.12 交尾前後におけるアオジャコウアゲハの射精管
未交尾の雄の射精管内には，白濁した附属腺物質と透明な精包物質が認められる．一方，交尾を経験した雄の射精管はやや黄色みを帯び短くなっている．Sasaki *et al.* (2015)．　→ 口絵2

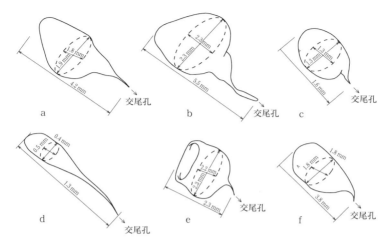

図 3.13　雌の交尾嚢内から摘出された精包の形とおおよその大きさ
a：イチモンジセセリ，b：キアゲハ，c：モンシロチョウ，d：ベニシジミ，e：ヒメアカタテハ，f：クロヒカゲ．渡辺（2005）を改変．

　雌の交尾嚢において附属腺物質の直後に注入され始める精包物質は，附属腺物質と同様にゾル状である．しかし，その表面は徐々に固まり，袋状の「精包」と呼ばれるカプセルが形成されていく．精子はその中に注入されるのである．精包の大きさや形は種特異的であるものの，一般的には球形ないし涙滴型である（**図 3.13**）．

3.5　摂取糖量と雄の精包生産能力

　タンパク質に富んだ附属腺物質や精包物質は，吸蜜によってそれらの生産量を増加させており，雌が卵生産量を増加させるのと本質的に同等といえる．ナミアゲハの雄を羽化翌日に処女雌と交尾させた場合，5〜6 mg の附属腺物質とほぼ同量の精包物質を注入している．羽化後一定期間水のみを与えて休息させ続け，処女雌と交尾させると，予想通り，全注入物質量は雄の日齢の経過とともに低下し

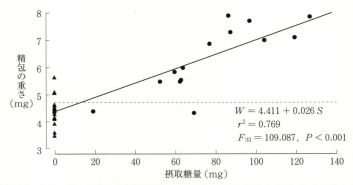

図 3.14 ナミアゲハの雄が羽化後最初に交尾するまでに摂取した糖量 (S) と注入した精包の重さ (W) の関係

点線は,羽化翌日に交尾させた雄が注入した精包の重さの平均.▲は水のみを与えた雄,●は 20% ショ糖溶液を与えた雄で,摂取糖量 (mg) に換算してある.Watanabe & Hirota (1999) を改変.

ていく.解剖してみると脂肪体はほとんど見られなくなっているので,脂肪体を体の維持に使いながら,附属腺物質や精包物質も生産していたといえる.

休息させている雄に適宜糖溶液を与え,処女雌と交尾させると,羽化翌日交尾における精包注入量よりも注入量は増加する傾向が認められている.この時の摂取糖量と注入精包重は正の関係を示す (**図 3.14**).脂肪体は充分に残っており,摂取した糖が体の維持に用いられ,脂肪体は附属腺物質や精包物質の生産に用いられたことを示している.

雄は生涯に何回も交尾を行なえると考えられてきた.その考えには,雄は常に同じように交尾を行ない,同じように附属腺物質や精包物質と精子を注入しているという無意識の前提があったはずである.しかし,1 回の交尾で,10 mg を超える附属腺物質と精包物質を生産して注入しているということは,交尾すればするほど,栄養

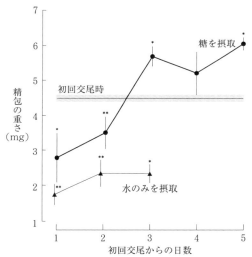

図 3.15 ナミアゲハの雄が 2 回目に交尾した時に注入した精包の重さ
陰になった部分は，最初に交尾した時に注入した精包の重さの標準偏差の範囲．初回交尾後水のみを与えた個体を▲で，ショ糖溶液を与えた個体を●で示している．横軸の初回交尾後の日数の「1 日」とは，交尾翌日に終日三角紙内で休息させた個体である．Watanabe & Hirota (1999) を改変．

やエネルギーの枯渇の危険が増してくるはずである．附属腺における物質生産の速さも問題である．交尾後 1 日という短期間で，前回と同量を生産できるとはいえないであろう．

実際，羽化翌日に交尾させたナミアゲハの雄に水を与えて休息させ，翌日に再び処女雌と交尾させると，注入物質量は半減してしまう（**図 3.15**）．最初の交尾後に一定期間休息させ，再び交尾させても，この休息期間に水しか与えていない雄では，休息日数にかかわらず前回と比べて半分の重さの精包しか注入していなかった．交尾後，1 日や 2 日の休息で水のみしか与えられなかった雄は，精包生産量を回復できなかったといえよう．これは，雄が幼虫期にどんな

にたくさんの葉を食べて栄養を蓄積していたとしても、フルサイズの精包で換算すると、その蓄積量ではせいぜい 1.5 個分の精包しか生産できないことを意味している。しかし、初回交尾後、休息期間に糖を摂取させると精包生産力は回復を始め、3 日目には初回交尾と同等の精包を注入できるようになった。この図では、5 日も休息させると初回交尾よりも大きな精包を注入できることを示している。

成熟卵の生産数が累積摂取糖量と正の相関関係をもつのと同様に、再交尾時において生産された精包量も、累積摂取糖量と正の相関をもっている(**図 3.16**)。この図において計算された回帰直線式は、初回交尾後スクロースを 77.57 mg 摂取すれば、再交尾時に初回交尾時と同量の精包を注入できることを意味している。すなわち、20% 糖溶液なら 390 mg の摂取と計算できる。野外で雄は毎

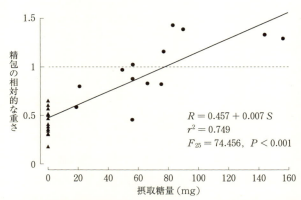

図 3.16 ナミアゲハの雄が初回交尾後に摂取した糖量 (S) と 2 回目に交尾した時に注入した精包の相対的重さ (R) の関係
点線は、初回交尾時と同等の重さの精包を注入した時の値。初回交尾後水のみを与えた個体を▲で、ショ糖溶液を与えた個体を●で示している。Watanabe & Hirota (1999) を改変。

日平均 100 mg 程度は吸蜜しているので，4日程度の休息（≒ 吸蜜）を行なえば，精包生産量は元どおりに回復するといえよう．

　交尾後小さな精包しか生産できない期間があるとしたら，雄はその期間を可能な限り縮めるように進化してきたはずである．すなわち，雌には目もくれずに摂食に専念するのである．ナミアゲハなどのアゲハ類の場合，夏の野外の主要な吸蜜植物は先駆樹種のクサギであった．クサギの花に雄も雌も集まってくるが，たまたま同じ花に飛来してしまった雌雄で花を巡っての先取権争いはあっても，吸蜜場所における雄による雌への求愛行動は滅多に見られない．ほとんどの雄は少なくとも1回は交尾しており，クサギに訪れた時とは休息期間（≒ 吸蜜専念期間）であった可能性がある．もしそうなら，雄は常に雌を探して活動し，雌は交尾が終わると雄への興味がなくなってしまうため，交尾可能な雌雄は常に雄過多であるという「実効性比（p.64）」の考え方は，修正が必要になるであろう．

新しい解釈の始まり

4.1 「繁殖成功度」の概念の深化

　チョウの成虫が花や樹液に集まったり地上に舞い降りて吸水したりする行動は，直接には個体を維持するためであり，結果として，寿命を延ばすことになっている．また，日光浴や休息といった行動も，繁殖とは全く関係のない個体独自の振る舞いと考えられてきた．しかし近年，我々の目の前で繰り広げられる成虫の振る舞いのすべては，雌雄が出会い，それぞれの子孫を残すために最も効率の良い生き方を追求した結果としての行動であることが明らかにされている．

　動物の配偶行動に関する研究は，この 40 年ほどの間に，特定の振る舞いを引き起こす解発因と呼ばれるカギ刺激の特定から，行動の意味・役割の解析へと変化してきた．このような研究の流れは遺伝子の生残を中心として考える「利己的遺伝子」をキーワードとした社会生物学（≒ 行動生態学）の台頭と流布に一致し，雌の子孫

に与える投資量は雄よりも圧倒的に多いという一般則が出発点となっている.

いうまでもなく, 1個の産下卵は1本の精子に比べてはるかに大きいので, タンパク質合成を基礎とした生産コストははるかに高くなっている. チョウの卵は産みっぱなしにされ, 親が直接保護したり世話をしたりすることはない. そのため, 様々な天敵によって攻撃されやすくなり, 寄主植物上で活発には動けない幼虫の死亡率も高くなる. 次世代の羽化成虫の数は常に少ない. したがって, 結果的に, 自己の子孫の生残数を最大化させてきた雌とは, すべての振る舞いが生涯の総産下卵数の可能な限りの増加 (≒可能な限りの栄養摂取) を目的としていた雌なのである. このような考え方に立てば, 雌にとっての配偶行動の目的は, 捕食者に襲われない限り, 産下した卵が常に健全に発育できるような「良い」遺伝子をもつ精子の獲得だといえよう.

過去の生命表解析から, 多くのチョウにおいて, 通常に産下された卵のほとんどは天敵に襲われなければほぼ孵化していることがわかってきた. その結果, 通常の産卵行動で適切な寄主植物上に産下されている限り, 孵化幼虫の生理的要因による死亡率の高低はあまり問題にされない. すなわち, 成虫までの死亡率が100%近くに達するとはいえ, 雌の実際の産下卵数は, 次世代に羽化してくる成虫の数の増減へ直接影響を与えているといえた. 雌の繁殖成功の指標は, 実際の産下卵数で評価されるようになったのである.

雄が雌と決定的に異なるのは, 羽化後も精子を連続的に生産することが可能という点である. しかもこの精子は, 量産してもエネルギー的にはコストがほとんどかからないばかりか, 雄の体内で精子は枯渇しないので, 雄はいついかなる時でも雌と交尾できると考えられてきた. 交尾さえできれば, 雌は注入された精子を用いて産卵

図 4.1　交尾中のヒメシジミ

してくれる．雌は貞淑で生涯に 1 回しか交尾せず，雄は浮気者で何頭もの雌と交尾を試みていると信じられていた時代，雄の繁殖成功とは首尾良く雌と交尾（＝連結）できた場合を意味したので，生涯に交尾した雌の数が指標だったのである（**図 4.1**）．

しかし外見上交尾ができても，実際に雌へ精子を移送していなければ交尾が成功したとはいえない．交尾後の雌の交尾嚢内に精包の存在を確認しなければ「成功した交尾」とはいえないのである．ところがその後，せっかく精子が雌へ移送されても，その精子が卵の受精に用いられない場合もあることが明らかにされてきた．どれほど多くの雌と交尾しても，自らの精子で受精された卵が産下されていなければ雄の繁殖成功は高められないのである．産下卵がどの雄の精子によって受精されているかを外部から判断することはできないので，雄の繁殖成功の評価はやっかいな問題となってしまった．

近年の社会生物学の発展に伴い，チョウの配偶行動の研究は，結果としてどれだけ繁殖成功が高められたかの解析に重点が置かれるようになってきた．雌の配偶行動に関する従来の研究は蔵卵数や産卵過程などの解析と融合し，雄由来物質の利用方法や多回交尾の利

益を明らかにしている．また，交尾中に行なわれる精子や注入物質の受け渡しの詳しい解析が進んだことから，雄の子孫への投資量と配偶行動の関係を論じた研究も多くなってきた．

4.2 交尾前の行動

多くのチョウにおいて，羽化したばかりの雌は雄にとって魅力的であるに違いない．探雌中の雄が羽化後間もない処女雌を発見するとほぼ必ず，接近して求愛行動を開始するからである（図 4.2）．羽化直後の雌体内ではすでに卵成熟が始まっているので，早く交尾できれば雌にとっても産卵前期間を短くすることになり，結果的に生涯の総産下卵数を増やす可能性を高めるであろう．実際，単婚性の種を除くほとんどの種において，羽化後間もない処女雌は「交尾拒

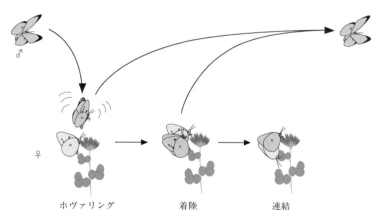

図 4.2 モンキチョウにおける雌雄の出会いから連結までの模式図
吸蜜中の雌を発見した探雌飛翔中の雄は，接近し，雌の周囲でホヴァリングを開始する．この時雌が交尾拒否姿勢などを示すと，雄は雌から去ってしまう．雌が翅を閉じたままの場合は，雌の横に並行するように着陸する．たいていは雌が交尾を受け入れるので，腹部末端同士を接触させ，連結が完了する．ただし，何らかの理由で連結できなかった時は，雌から去っていく．入江・渡辺（2009）を改変．

否姿勢」を示すことなく、出会った雄からの求愛を直ちに受け入れている。

　処女雌と出会う確率の最も高い場所は、羽化場所（≒蛹化場所）である。それはたいてい、幼虫の餌となる寄主植物の近傍に違いない。したがって、雄たちはライバルより1分1秒でも早く処女雌を見つけて交尾しようとして、寄主植物を目当てに飛来し、羽化したばかりの雌の探索を行なっている。一般にチョウの羽化は早朝から午前中にかけて行なわれるので、雄は毎日ライバルの雄と競って、早朝より探雌飛翔活動を開始しなければならない。モンシロチョウの雄は早朝からキャベツ畑へやってきて雌を探し、モンキチョウの雄も早朝にシロツメクサの上をゆっくりと飛翔して雌を探している（**図4.3**）。とはいえ、飛翔活動の開始が早すぎれば、雌が出現するまでに疲労してしまうかもしれない。早朝であればあるほど、気温は低く、翅や体は夜露に濡れて活発な飛翔をしにくく、鳥などの捕食者に襲われる危険性は高くなるだろう。したがって、これらの危険性とライバルを出し抜くこととのバランスによって、探雌飛翔の開始には最適時刻がある。

図4.3　羽化直後のモンキチョウの雌を発見した探雌飛翔中の雄

図 4.4 葉を食べつくされてしまったシウリザクラの枝を周回する
エゾシロチョウの雄（円内）
この枝にはぎっしりとエゾシロチョウの蛹がついている．

　雄の羽化季節が雌よりもやや早いことは，処女雌を求める振る舞いによって生じる雌雄の日周活動性の違いと本質的に同様である．特に，雌の羽化期間が比較的短く斉一な年 1 化性の種の場合，その期間内で，雄は雌よりも必ず先に羽化して交尾の準備をする必要がある．北海道におけるエゾシロチョウでは，寄主植物のシウリザクラから羽化した雄は，羽化場所を去って別のシウリザクラへと移動し，その枝についている蛹の集団から雌が羽化するのを待っている（図 4.4）．このように雄が雌よりもやや早く羽化を始める現象をプロタンドリー（雄性先熟）といい，モンシロチョウやヤマキチョウをはじめとする多くの種で確認され，その生物学的意義が論じられたり，モデル化されたりしてきた．

　プロタンドリーとは，かつて，交尾を受容してくれる処女雌を得るために適応した雄の戦略であると考えられていた．処女雌と出会

えば直ちに交尾を開始できるように，雄は性的にパワフルな生理状態になったままで探雌飛翔しなければならない．そのためには，羽化直後のように体がまだ乾ききらずに軟弱であると，ライバルとなる雄との競争にも対応できないので，誰よりも早く羽化して体を硬化させて体調を整えておく必要がある．特に，雌が生涯に1回しか交尾しないのなら，雄は何としてでも羽化直後の雌を探し出して交尾しなければならないだろう．とはいえ，羽化が早すぎると処女雌の出現までに老化してしまったり，その間に天敵に襲われたりする危険性もある．したがって，雄の羽化季節には早すぎず遅すぎずという最適値があり，これは雌を求める雄間の競争の結果といえよう．

　求愛対象が処女雌でなかった場合，観察された多くの例において，雌は種特有の交尾拒否行動を示し，雄の求愛行動は交尾へと至らない．既交尾雌は雄の求愛を無条件には受け入れないからである．この結果は，個体群を構成する雌雄の数が原則として1対1であっても，実際に交尾を求める雄の数と交尾を受け入れられる雌の数は異なることを示している．この時の雌雄の数における対比を「実効性比」といい，普通は雄過多であると信じられてきた．とはいえ，もしプロタンドリーの傾向が強く，雌が単婚的であるなら，飛翔季節中盤以降はほとんどの雌が交尾済みとなってしまうので，実効性比は極端な雄過多となるに違いない．したがって雄は，いるかいないかわからない処女雌を探すこととなり，雌探索行動の大部分は徒労に終わるはずである．それにもかかわらず飛翔季節後半まで雄が生き残って（≒雌と同様の寿命をもち）探雌飛翔して，出会った雌に雄が必ず求愛行動を示すのは，いったん交尾した雌でも，求愛を受け入れる個体が一定の割合で生じているからに他ならない．生涯に複数回交尾する雌が個体群中に必ず生じていることを

図 4.5 フキの上で交尾拒否行動を示す雌に交尾を求める 2 頭のウスバシロチョウの雄
この種は年 1 化で，写真の雌は腹部末端に交尾栓（矢印）が付着しており，交尾済みである．ただし，写真の雌の交尾栓は焦げ茶～黒色で脆く劣化しているようであった（図 4.7 参照）．

雄は「知って」いたのである（**図 4.5**）．

　一定の空間を占有し，侵入してくるライバルの雄を追飛などの行動で追い払い，やってくる雌と交尾しようとする「縄張り」行動を繁殖戦略に採用している種も知られている．ベニシジミの場合，幼虫の寄主植物であるギシギシやスイバの生育している湿潤な草地において，雄は静止場所一帯で排他的な占有行動を示し，通過する雌に交尾を試みている．また，キマダラジャノメのような種では，雄が林内のギャップなどを占有し，飛来する雌を待つという．開けた山頂に集まって互いに追飛して占有行動を示すヒルトッピングという行動も，キアゲハでは繁殖行動の一つと考えられている．

4.3 交尾中の振る舞い

　求愛が雌に受け入れられると交尾（＝連結）が開始される．交尾時に雄が注入する物質は精子だけではない．その前に，雄の附属腺物質と精包物質が，交尾中，徐々に雌へと注入されるのである．

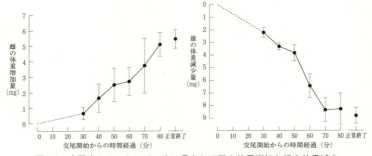

図 4.6 交尾中のモンシロチョウに見られる雌の体重増加と雄の体重減少
交尾中の雌雄を，交尾開始後，適宜，交尾中断して計測している．Watanabe & Sato (1993) を改変．

したがって，それに応じて雄の体重は減少し，雌の体重は増加していく．モンシロチョウの場合，交尾開始後30分までは顕著な体重変化が雌雄ともに認められないが，その後，雄の体重は減少し，雌は増加する（**図4.6**）．精子は，交尾終了20分前頃から注入される．

交尾時間は種によって変異が大きく，シジミチョウ科のように十数分で終了する種からマダラチョウ科のように数時間かかる種まで報告されてきたが，1時間程度の種が多い．雌雄の生殖器官に見られる形態学的特徴の差異と交尾の目的や機能から，交尾時間は雄が決めると考えられてきた．附属腺物質を注入し，精包物質を注入してからでないと精子を注入できないため，最終目的である精子の注入が終了するまで，雄は何が何でも連結を継続しようと努力するに違いないからである．逆にいえば，精子さえ注入できてしまえばそれ以上連結を続ける意味はないので，さっさと連結を解消し，交尾を終了しているといえるかもしれない．ところが，雄の生殖器官の構造により，精子の注入前に附属腺物質と精包物質を注入することになっているので，それらの量が多ければ交尾時間は長くなってしまう．交尾時間の長短は注入物質量によって決まるのである．交尾

している連結態の動きはのろく，天敵に襲われやすいことから，交尾時間は可能な限り短くなる方向に進化したはずが，次章以下で述べるように，附属腺物質や精包物質を可能な限りたくさん雌へ注入する雄が適応的であるので，交尾時間とは，その両者のバランスに立った最適解となってしまった．

交尾は比較的目立たないところで行なわれることが多い．捕食者に見つかった場合には，連結を解消して2頭バラバラになって逃れるが，どちらか活性の高いほうの性が交尾相手と連結しながら飛翔して逃れようとすることもある．この時，飛翔するほうの性は，種によって決まっている．また，エゾシロチョウのように，羽化直後の翅の伸びきらない雌と交尾する種の場合，これらの連結態は飛翔して逃げることができないので，鳥たちにとって絶好の餌となっていた．このような危険だけでなく，交尾時間が延びれば雌の吸蜜行動や産卵行動に割く時間は減少するはずで，結果として雌の生涯にわたった産下卵数の減少を招く可能性は高くなってしまう．したがって，これらの種の雌にとって，複数回交尾する利益はほとんどないと考えられていた．

4.4　交尾後の行動

交尾終了後，雌雄は分離し，雄は再び探雌飛翔を始めるが，雌は雄を避け，新たに接近してきた雄の示す求愛行動には直ちに「交尾拒否姿勢」で対抗するのが普通である．雌の目的が産卵へ切り替わったからである．また，ウスバシロチョウやギフチョウの仲間とジャコウアゲハの仲間のように，いったん交尾すると雌の腹部先端に大きな「交尾栓」がつけられ，物理的に雌が「再交尾できそうもない機構」をもつ種も知られてきた（図 4.7）．

交尾が終了して雌雄が別れた頃，注入された精子は精包から出て

図 4.7　交尾栓をつけたウスバシロチョウの雌

受精嚢という別の袋へと移動し，産卵時まで蓄えられる．後述するように，1回の交尾で注入された1個の精包の中には，その雌が生涯に産卵可能な卵の数よりも1桁以上も多い精子の入っていることがわかっていた．とすれば，1回交尾した雌はこれ以上余分の精子を必要としないので，雄にいくら誘われても，次なる交尾は受け入れないかもしれない．この事実も，雌が生涯に1回しか交尾しないという考えの根拠の一つになっていた．しかし多くの種で，ある程度の卵を産下したり，交尾してから時間が経ったりすると，雌は再び交尾を受け入れていたのである．

雌の立場と多回交尾

5.1 生涯交尾回数

　欧米では1960年頃までに，通常の交尾を終えた雌の交尾嚢内には，精子の入った精包が1個形成されていることが知られていた．精包のもつ堅い外殻は精子を守っていると解釈され，交尾終了後，産卵活動によって精子が用いられれば，精包内は"空洞になるので"，徐々に変形していびつな形となっていくと考えたのである．実際，野外で捕獲した雌を解剖すれば，明らかに日齢の進んだ雌であるほど，交尾嚢内には押しつぶされて小さくなった精包が観察されていた．ところが，精包の数は複数存在するのが普通だったのである．精包の外殻は硬そうで，交尾嚢内で完全に消滅することはないということと，1回の交尾で1個の精包しか注入されないことは，交尾嚢内の精包の数とその雌の交尾回数はほぼ一致することを意味している．したがって，そのような雌は複数回交尾していたと結論づけざるを得なかった．

雌の交尾嚢内に残存している精包の数を調べ，その雌のそれまで
の交尾回数を推定しようとして，1970年代前半にかけてアメリカ
の研究者たちは野外においてチョウの雌を採集して解剖し，交尾嚢
を切開し，入っていた精包を数えることに専念したようである．そ
の結果，大部分の種の雌が生涯に複数回交尾しているという報告が
蓄積されてきた．しかし，野外で捕獲した雌の羽化後の日数を正確
に判断できなかったので，これらのデータから雌の生涯の平均交尾
回数は推定されていない．そもそも，雌は生涯に1回しか交尾をし
ないという呪文がまだ幅をきかせていたので，複数回交尾したとい
う雌の存在は，何らかの異常な状況によって雌が再交尾「させられ
てしまった」と解釈されやすかった．もしそうなら，老齢の雌ほど
そのような状況に陥る確率は高くなり，そうであれば，交尾嚢内の
精包数は増加しているに違いないからである．ただし，雌がそのよ
うな心ならずもの交尾という状況に陥ったかどうかは偶然に大きく
左右されるので，あえて「平均的な」生涯の交尾回数を評価する意
味はないと考えられていた．

複数回交尾した雌の交尾嚢の場合，その種本来の精包の形を保っ
ているのは，交尾嚢の入り口にある精包ただ一つに過ぎない．この
精包だけは，たいてい交尾孔のほうへ細長く伸びている管がついて
いる．アゲハ類の精包はコロンと丸いので，この管は大変特徴的と
いえよう（**図5.1**）．一方，奥のほうへ押し込まれている精包は押し
つぶされており，アゲハ類の場合は，ちょうどジャイアントコーン
のように真ん中がへこんでいる．卵管を経由して受精嚢へと続く管
は交尾嚢の入り口付近にあるので，これらの精包の配置と形態を観
察するだけで，もし奥のほうへ押し込まれている精包に精子が残っ
ていたとしても，その精子は雌の卵に授精できないことがわかる．
交尾嚢の一番手前にある（すなわち最後に交尾した雄の）つぶされ

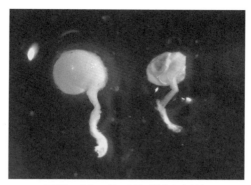

図5.1 ナミアゲハの雄が注入した精包
左は交尾終了直後,右は交尾後3日経った雌の交尾嚢内から取り出した精包.

ていなかった精包からの精子しか,受精嚢へと向かう管に到達できないからである.

多くの種において,交尾嚢の中の精包の数,すなわち雌の交尾回数は日齢とともに増加していくのが普通であると認められるようになったのは,野外で捕獲した雌の日齢を推定できるようになった以降からである.翅の鱗粉の状態などから,FFからBBBまでの5段階に分類すると,順番に,精包数(≒交尾回数)は増加していたのである.たとえば,夏型のナミアゲハの場合,最老齢の雌で3個弱となり,生涯交尾回数は約3回と推定された(図5.2).ところがこの多回交尾の傾向は,春型のナミアゲハでも同様であった.春という季節は寒暖の差が激しく,時として寒が戻ることもあるだろう.そうなれば,成虫の飛翔活動が低下したり,死を招いたりするかもしれない.植物の開花も気象条件の変動によるので,成虫が活動するエネルギー源となる花蜜の供給量も,夏季と比べれば不安定である.そもそも,越冬場所の微気象の違いで越冬蛹からの羽化は同調しにくいのが普通なので,春季における日当たりの成虫個体数

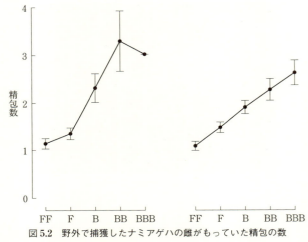

図 5.2　野外で捕獲したナミアゲハの雌がもっていた精包の数

横軸の FF から BBB は翅の汚損状況によって分けた雌のエイジであり，羽化時とほとんど変わらないほど新鮮な翅をもっている個体が FF である．標識再捕獲調査を行なうことで，それぞれのエイジの期間は 3〜4 日間と推定された．最も年をとった雌 (BBB) の平均精包数は，春型でも夏型でも約 3 個で，雌は一生に少なくとも 3 回は交尾していることがわかった．Watanabe & Nozato (1986) を改変．

は比較的少なく，夏型の成虫と比べて，雌雄が出会う確率は低くなっているに違いない．それでも，春型の雌に見られる生涯交尾回数は夏型の雌と変わりなかった．

　日齢とともに増加する交尾回数は，我が国のモンシロチョウでも，詳しく調べられている（**図 5.3**）．この種の生涯交尾回数は大雑把に 3 回といえ，世代によっても調査年によってもこの傾向に大きな違いはなかった．ナミアゲハと同様に，春世代と夏世代では個体群密度が大きく異なっている．モンシロチョウの成虫は，春から秋までの長い間，世代を繰り返しながら活動するので，その間の吸蜜植物も寄主植物も季節によって変化し，それにしたがって生息場所は異なり，天敵も異なり，それぞれの生息地における実効性比も

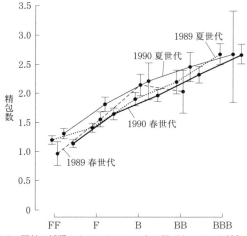

図 5.3　野外で捕獲したモンシロチョウの雌がもっていた精包の数
1989 年と 1990 年の 2 年間にわたって春世代と夏世代を比較しても，雌のエイジと交尾回数の関係に大きな変化は認められない．Watanabe & Ando (1993) を改変．

異なっていたに違いない．それにもかかわらず，どの世代においても，雌の生涯交尾回数に大きな変化が認められないことは，雌の生涯の交尾頻度は種特異的であることと，それぞれの世代において，雌は受け身で交尾を行なっているわけではないことを示している．すなわち雌は，自ら交尾回数をコントロールしている可能性が高いのである．

これまでに，雌が多回交尾する種はシロチョウ科やアゲハチョウ科ばかりでなく，セセリチョウ科やマダラチョウ科で知られるようになってきた．特にマダラチョウ科では，生涯に 10 回を超える交尾を行なうのが普通である種も報告されている．しかし一方で，キアゲハの雌の平均交尾回数は 1 回に過ぎず，交尾栓を発達させたウスバシロチョウの仲間では，野外で採集した雌の平均が 0.7 回などと，単婚的な傾向の強い種も知られており，これらの事実が「チョ

ウの雌は貞淑」という呪文が日本ではなかなか廃れなかった理由となっていた.

5.2 多回交尾と卵生産

一般にチョウの雌は，成虫になってからは新たな卵を生産しない．したがって，少ない種で 500 卵，多い種で 1,000 卵程度であるとされている蔵卵数とは，羽化直後の雌がもっていた卵の数とはいえ，卵殻は形成されておらず，卵黄も充分に蓄積されていない「未熟卵」が大部分なのである．すなわち，実際に卵を産下するためには，これらの未熟卵それぞれに栄養物質を与えて発育させる必要があるので，雌は可能な限り多くの栄養物質を取り込んで体内に蓄積しておかねばならない．雌の実際の産下卵数は，体内の未熟な卵へどれだけの栄養を分配できたかで決定されていたのである．

これまでチョウの雌は，体内の未熟卵を成熟させるために与える栄養を，幼虫期に摂食して脂肪体として蓄えた栄養物質に頼っていると考えられてきた．成虫が花粉を「食べる」ドクチョウの仲間を除くと，一般に，成虫期では糖を主成分とする蜜しか摂取しないからである．羽化時の脂肪体の量と産下卵数との間に正の相関関係があるなら，幼虫期の摂食量が多いほど，羽化時にもっている脂肪体は多くなり，産下卵数は増加するであろう．とはいえ，成虫の体の大きさに限りがある以上，蓄積できる脂肪体の量にも上限がある．成虫に野外の吸蜜で得られるよりもはるかに多い糖を与え，幼虫期に蓄積した栄養の大部分を卵生産に用いさせても，羽化直後における雌の蔵卵数の半分も成熟させられない．しかし，野外の雌の推定生涯産下卵数は，時として想定以上に多かった．すなわち，幼虫期に摂食した栄養と成虫期に摂食した糖以外の栄養を，雌は取り込んでいたことになる．

5 雌の立場と多回交尾　75

　1970年代後半，雌の新たな栄養に関心を寄せた研究グループがあった．アメリカ・スタンフォード大学のEhrlichが率いる研究チームの一つである．弟子のBoggsを代表とした彼らは，複数回交尾した雌の交尾嚢内で小さくなってしまった精包の役割に注目した．すなわち，精包が精子を入れるという袋（カプセル）であったとしても，その中に雌のもつすべての卵に授精させてもあまりあるほどの数の精子が入っていたとしても，精子の大きさや量から見て，精包は大きすぎることに注目したのである．そもそも，附属腺物質と精包物質は高タンパクのゾル状〜ゲル状であり，注入直後の精包内には充満していた．ところが，押しつぶされた精包では，外郭が壊れ，中は空になっている．流れ出たはずの附属腺物質や精包物質が交尾嚢内に留まっているという兆候は見られなかった．そこで，放射線同位元素でラベルした雄を用いて処女雌と交尾させ，交尾後における雄の注入物質の行方を追跡したのである．

　結果は劇的であった．1980年代前半に発表された一連の論文により，雄からの注入物質は，交尾後，特にアミノ酸を中心として雌に吸収され，雌の体細胞へ回ったり，成熟卵の栄養へと移行したりしていたのである．すなわち，チョウの雌は，交尾時に注入された物質を自らの体の維持や卵生産に用いていたといえよう．今では，交尾嚢の一部にsignaと呼ばれる唇のような形をした硬い組織があり，交尾後，これが活動して精包の硬いカプセルの一部を破壊することがわかっている（図5.4）．流れ出した物質を雌は吸収していた．スクロースやアミノ酸，タンパク質，ステロール，リン酸カルシウム，ナトリウム，亜鉛など様々な含有物質が同定され，1個の精包には15〜30個の成熟卵に相当する窒素化合物が含まれているという計算結果も報告された．この事実は，雌が生涯に摂取できる栄養源が，幼虫時代の寄主植物と成虫時代の花蜜，交尾によって雄

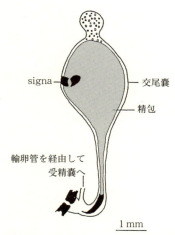

図 5.4 交尾直後のオオモンシロチョウの雌の交尾嚢内模式図
附属腺物質（粒状で表示）が交尾嚢の最奥に充填されて交尾嚢の先端部をゴム風船のように膨らましている（シロチョウ科の特徴）．精包の殻は交尾嚢の裏側にぴったりと接触している．交尾嚢の signa の運動により，精包の殻はこの接触部分から破壊されることになる．Tschudi-Rein & Benz (1990) を改変．

から注入される物質の3種類であることを意味している．もしそうなら，精包内の栄養物質が卵成熟を促進し，産下卵数を増やすことになるので，雌は何度も交尾を繰り返して多くの精包を受け取ったほうが栄養をたくさん得られ，自己の産下卵数を増加できる（≒繁殖成功を高められる）に違いない．

交尾終了後，一部を破壊された精包の内容物質は徐々に雌の体内に吸収されてゆく．ナミアゲハの雌の場合，産卵させなくとも交尾終了後3日目から精包の崩壊は目に見えて始まっている（**図 5.5**）．そして1週間もすれば，精包の大きさは注入時の半分以下になってしまう．精包内はほとんど空になっているに違いない．この事実は，交尾後しばらくの間，雌の栄養状態は良好であるものの，その後枯渇することを意味している．1回しか交尾を行なわなかった雌

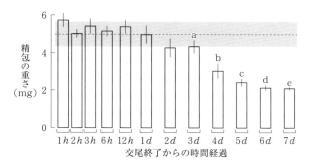

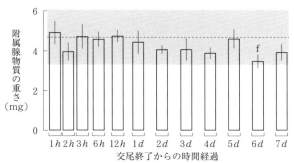

図 5.5 ナミアゲハにおいて，交尾終了後，雌の交尾嚢内に注入された精包と附属腺物質の重さの経時的変化

点線を含む陰の部分は，交尾終了直後（= 0 h）におけるそれぞれの注入物質量である（± 標準偏差）．各アルファベットは，それらよりも統計的に有意に少ない時を示す．Watanabe *et al*. (2000) を改変．

は齢が進むにつれ産下する卵の重量が減少してしまうが，複数回交尾を行なった雌は齢が進んでも高い水準で卵重量を維持していたという報告は，これに対応しているといえよう．とするなら，雌は交尾後しばらくは次の交尾を行なわないが，精包内の物質を吸収し終わる頃には次の交尾を行なうのが適応的なのである．

　雌が再交尾を受け入れるようになる生理的機構は，かなり明らかになってきた．雌の交尾嚢の表面には伸展受容器があり，交尾嚢の

筋肉の伸展を感知する神経が存在する．この神経は脳へ繋がり，大きな精包が注入されて交尾嚢の筋肉が伸びているという情報が脳に伝わっていると，雄の求愛に出会った時，交尾拒否行動を行なうように指令が出る．逆に，処女雌のように何も交尾嚢に入っていなかったり，小さな精包が入れられたり，精包が小さくなったりした時，この神経は働かない．すなわち，雌は交尾を受け入れるのである．したがって，通常の交尾が行なわれた場合，交尾後しばらくは次の交尾を受け入れず，交尾嚢内で精包が崩壊した後に次の交尾を受け入れるといえ，「交尾直後の雌が再交尾するのを見たことがない」というアマチュアの大家の言は間違ってはいなかった．さらに，アメリカにおけるモンキチョウの一種では，「産卵活動により前回の交尾で受け取った精子が枯渇した雌は，再交尾をするために雄を追いかける」という行動が報告され，雌の多回交尾という考えは確立したのである．ただしこの時の論文では，雄を追いかけた雌とは「崩壊した精包 ≒ 精子が精包から消失した雌」と定義されていた．しかし，精子の移動過程が明らかとなった現在，「精子」ではなく，単に「栄養物質」の枯渇により，雌は雄に交尾をねだっていると考えられるようになってきた．

　実験的に産下卵数を測定した結果によると，ナミアゲハやオオカバマダラなど多くの種において，多回交尾を行なった雌は1回しか交尾しなかった雌に比べて多かったことが示されている．野外においても，モンシロチョウの場合，1回しか交尾を行なわなかった雌が生涯に約150卵産下するのに対して，3回交尾を行なった雌は約250卵産下すると推定された（**図5.6**）．スジグロシロチョウでも同様の調査が行なわれており，多回交尾した雌は1回しか交尾しなかった雌の約2倍となる300卵産下すると推定された．また，タイワンモンシロチョウでは，羽化時の蔵卵数が約300個で，多回交尾を

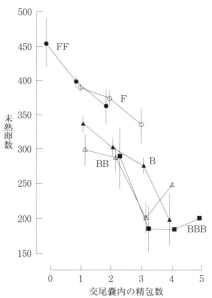

図 5.6 野外で捕獲したモンシロチョウの雌がもっていた精包数と未熟卵数の関係
エイジが FF で精包をゼロ個もっていた雌とは，羽化直後と思われる処女雌である．エイジの進行とともに雌は交尾を繰り返すが，B や BB の雌で 1 回しか交尾していないと，もっている未熟卵数はかなり多い（すなわち，少なくとも卵成熟速度が遅く，結果的に充分な産卵を行なっていない）ことがわかる．Watanabe & Ando (1993) を改変．

した雌では少なくとも約 200 個を産卵していたという．

5.3 モンキチョウに発現する雌の 2 型

　モンキチョウは，活発な雄の求愛行動が間近で見られる数少ない種の一つである．日本全国の少し開けた草地ならどこにでも分布している黄色い中型のチョウで，雌には 2 型が生じ，飛んでいるとモンシロチョウと間違えられるような白い翅をもった個体が雌の過半数を占めている．

夏，一面にクローバーを播種したスキー場のゲレンデなどではモンキチョウの個体数が多く，交尾行動を始めから終わりまで見届けることが可能である．雌は午前中に羽化し，草の中でほとんど動かないので，雄は早朝から草地の上1mくらいの高度で探索飛翔を開始している．雄が羽化したばかりの処女雌を草むらの中に発見すると，いきなり雌に体当たりをするかように急降下し，一瞬後には連結してしまう．連結は約1時間続くが，何の前触れもなく突然雄が飛び去って解消し，「交尾」は終了する．雌は交尾終了後もしばらく静止するが，その後，草の間を縫ってゆっくり飛びながら吸蜜したり休息したりする．我が国のモンキチョウの場合，処女雌に対するこのような連結前に行なう求愛行動は，極端な短期間であることが特徴である．

1頭の雌に数頭の雄が群がって飛んだり，飛翔中の雌の前を妨害するかのように雄がゆっくりとホヴァリングしながら飛翔したりするのもモンキチョウの求愛飛翔である（**図 5.7**）．ただし，この時の

図 5.7 モンキチョウの求愛飛翔
雌の飛翔を妨げるように前を飛ぶのが雄． → 口絵3

相手の雌は少なくとも1回以上交尾を経験している雌である．交尾する意志がなかった場合，雌は雄を振り切ろうとするが，行く手をふさぐように雄が飛ぶと，雌は草むらに着陸し，翅を広げて腹部を上げるというシロチョウ類に特徴的な交尾拒否姿勢を示すことになる．それでも雄が雌の周りでしつこく求愛した場合，雌はいきなり飛び立ち，上昇していく．この上昇飛翔に雄は追従するが，青空を背景とした黄色の翅をもつ雄と白色の翅をもつ雌の飛翔は目立つらしく，他の雄もつられて飛び立って参加してくるので，1頭の雌に数頭の雄という求愛飛翔集団が形成されてしまう．集団に参加する雄の数が増えれば増えるほど，雌の飛行進路は妨害されるので，雌は上昇飛翔ができなくなる．その結果，求愛飛翔集団は，何らかのきっかけで雄たちをすり抜けることのできた雌が上昇飛翔を開始するまでの間，地上2～3mで延々と続けられ，数分を超えることもまれではない．しかし，いずれにしても，雄たちは徐々に求愛をあきらめ，雌はさらに高空へ，雄は地上へ降下し，最終的に，求愛の群は解消する．

　求愛飛翔集団が生じるのは白翅型雌に対してであり，再交尾を行なう意思のない雌にとっては，すべての雄を振り切るまでの飛翔や交尾拒否姿勢の継続に関するエネルギーや時間は，産卵時間や吸蜜時間を削るほど大きなコストとなっている．しかし一方で，再交尾を受け入れてもよい雌にとって，求愛飛翔集団においてだんだんと脱落してゆく雄を尻目に最後まで残った雄はよりパワフルで優秀な遺伝子をもつ個体といえるので，その雄と交尾するのが適応的といえる．すなわち，鬱陶しくコストのかかる求愛飛翔集団だったとしても，より良い雄の遺伝子を得られるという利益が勝っている可能性が高いのである．一方，モンキチョウの白翅型雌が雄からの求愛を受けやすいのに対して，黄翅型雌は雄と同様の翅の色をしている

表5.1 モンキチョウの雌に生じる2型におけるエイジと交尾嚢内の精包数との関係 各アルファベットは有意差のあることを示す. Nakanishi *et al.* (1996) を改変.

	精包数	FF	F	B	BB	BBB
	0	5	0	0	0	0
	1	143	79	48	10	1
白翅型	2	22	28	51	34	13
	3	0	3	6	15	2
	4	0	0	0	3	2
	平均	1.13	1.30	1.60	2.05[a]	2.27[b]
	0	0	0	0	0	0
	1	43	28	21	5	3
黄翅型	2	5	12	29	13	7
	3	0	0	1	2	0
	平均	1.10	1.32	1.63	1.80[a]	1.70[b]

ため雄に認識されにくく,求愛対象となりにくいようであった.その結果,白翅型雌の生涯交尾回数は2.3回程度,黄翅型雌では1.7回程度となっている(**表5.1**).黄翅型雌は雄に擬態して求愛行動を避けている可能性が高いこともわかってきた.

雌の羽化時における蔵卵数は,両型とも,750個の未熟卵を数えている.雌を羽化直後に実験的に1回交尾させ,死ぬまで産卵させてみると,白翅型雌で400卵,黄翅型雌で550卵産下している.ところが,羽化後1週間ほどしてどちらも再交尾させたところ,白翅型雌で650卵,黄翅型雌で550卵が生涯産下卵数となった.すなわち,多回交尾する傾向の強い白翅型雄は,多回交尾による栄養補給を前提として産卵活動を行ない(求愛飛翔集団におけるエネルギーの消費は大きいようである),再交尾の機会の少ない黄翅型雌は交尾による栄養補給をあまり当てにしていなかったことになる.

5.4 キタキチョウの成虫越冬

雌が交尾によって注入された雄からの栄養物質を当てにしている極端な例として，成虫越冬する世代をもつキタキチョウが挙げられる．この種は季節的な翅多型をもち，幼虫期に経験した低温と短日という日長条件により，越冬できる秋型成虫が羽化してくる．しかし，臨界日長が雌雄で異なるため，結果的に，10〜11月には，夏型雄と秋型雄，秋型雌が同所的に混棲し，夏型雌は不在となっている．その組み合わせにより，交尾活性の高くなっている夏型雄の求愛対象は秋型雌とならざるを得ない．羽化間もない秋型雄は性的に未熟で交尾活性がほとんどないため，秋型雌は夏型雄からの求愛のみを受けることとなり，実際，交尾を受け入れている．したがって，越冬直前の秋型雌は，交尾嚢内に少なくとも1個の精包をもつのが普通であった（**表5.2**）．なお，野外で8月頃に採集した夏型の雌は，平均1.5個の精包をもっている．

秋型雌が越冬前に少なくとも1回は交尾を受け入れる理由として，二つの理由が考えられてきた．どちらの理由も，越冬という厳しい気象条件にかかわることである．すなわち，もし，処女雌のまま越冬に成功したとしても，大部分の雄が越冬中に死亡してしまえば，春の産卵活動開始時期までに雄と出会えないという危険がある．それを回避するための保険として，あらかじめ，秋に精子を得

表5.2 野外で採集したキタキチョウの秋型雌がもっていた精包の数（±SE）
Konagaya & Watanabe (2015) を改変.

採集時期	越冬前	越冬後			
	11月	3月後半	4月前半	4月後半	5月前半
前翅長 (mm)	21.9 ± 0.5 (12)	22.8 ± 0.4 (7)	22.2 ± 0.5 (14)	22.5 ± 0.4 (15)	22.6 ± 0.4 (13)
精包数	0.6 ± 0.1 (12)	1.6 ± 0.2 (7)	1.2 ± 0.1 (14)	1.3 ± 0.1 (15)	2.2 ± 0.2 (13)

（ ）：サンプル数

ておくことは適応的であろう．ただし，この場合，夏型雄の精子は一冬越えても劣化しないだけの長寿命をもっていることが前提となる．

　一方，キタキチョウの冬越しは休眠ではなく，低温による生理活性の低下であった．冬季の間，成虫は雑木林の枯れ草の下などで静止しているので，小春日和などの時，林内ギャップのぽかぽかとした日だまりで飛翔することが多い．当然エネルギーは消費されたはずである．越冬中に開花する植物はほとんどないため，この間の活動は越冬前に蓄えた栄養を消費せざるを得ない．したがって，越冬前の交尾とは，精子の獲得ではなく，越冬中に消費される栄養物質の事前摂取という理由である．

　首尾よく越冬できた秋型雌は，3月後半より飛翔活動を開始している．交尾嚢内の精包は崩壊途中であるのが普通である．その後4月後半より，産卵対象となる寄主植物・メドハギの葉が芽吹き始める．この約1ヶ月の間に，多くの雌は性成熟を完了した秋型雄と再交尾している．表5.2によれば，4月後半に捕獲した雌は，1.3個の精包をもっていたという．図5.8は，交尾嚢内の精包の崩壊過程を4段階に分け，それぞれの雌の交尾嚢内にあった最も最近に交尾したと思われる精包を評価した結果である．この図により，4月の前半になるとほとんどの雌は秋型雄と新たに交尾していたといえ，大部分の秋型雌は「越冬に成功した秋型雄の精子」で受精した卵を産下していることをうかがわせた．すなわち，雌の交尾目的が越冬の前後で異なることを示唆している．もっとも，越冬後に再交尾した秋型雌は，その後産卵活動を行ないながら5月いっぱい生き続けるのに対し，越冬に成功した秋型雄の大部分は5月の連休前に姿を消してしまう．交尾による栄養物質の消失は雄の寿命を短くした可能性がある．したがって，雄の注入する物質を自己の栄養補給に利用

⑤ 雌の立場と多回交尾　85

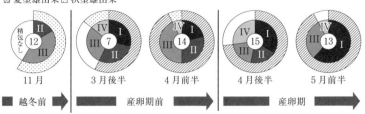

図 5.8　キタキチョウの交尾嚢内に存在する精包の崩壊段階と秋型雌の交尾嚢内に注入されていた最新の精包の崩壊段階
産卵植物となるメドハギの新葉の展開は 4 月中頃である．Konagaya & Watanabe (2015) を改変．

するという雌の本質はいずれの交尾においても変わらないようである．

　キタキチョウの秋型雌が越冬前と越冬後に交尾を行ない，特に前者の交尾相手が越冬できない夏型雄であるということは，夏型雄にとっては，結果的に搾取されることと変わりはない．翌春の産卵時に，夏型雄の精子は受精に使われない可能性が高いからである．このような雌の振る舞いに対抗する戦術を雄はもっていることが明らかになってきた．すなわち，秋型雌と交尾するような時期に活動している夏型雄の精子は，翌春に秋型雌と交尾する秋型雄の精子よりも長かったのである．受精嚢内で冬を越した後の活性は高く，再交尾の結果受精嚢へと移動してきた秋型雄の精子と何のハンディもなく競争が生じた場合なら，夏型雄は勝てるかもしれない．

5.5 単婚性のベニシジミ

　多くのチョウで雌が生涯に多回交尾を行ない，その目的が雄から
の栄養補給である一方，単婚的な種も存在している．雌が生涯に1
回しか交尾しない種はタテハチョウ科やジャノメチョウ科，シジミ
チョウ科で多く知られるようになってきた．アゲハチョウ科におい
ても，キアゲハやアオスジアゲハは単婚的である．ジャコウアゲハ
やウスバシロチョウ類では，交尾後，雌の腹部末端に交尾孔を隠す
ように交尾栓が雄の分泌物によって構成され，雌が再交尾を受け入
れようとしても受け入れられないようにする物理的妨害の役割をも
っていると考えられていた．しかし近年の研究により，ジャコウア
ゲハの場合，再交尾相手となった雄は，形成されている交尾栓の隙
間から交尾嚢へとペニスを挿入して交尾を成功させていることがわ
かった．したがって，単婚的と信じられていた種であっても，時と
場合によって，再交尾している可能性がある．

　単婚性といわれる種の場合，未交尾であっても，雄の求愛に対し
て交尾を受け入れない雌の存在が知られるようになってきた．この
ような種の多くは，雄が縄張りをもち，雌の飛来を待つ行動を示す
ので，飛翔中，たまたま雄の縄張りや行動圏内に入ってしまった雌
の示す振る舞いは，典型的な交尾拒否行動とはなっていない．交尾
を受け入れる生理状況となった雌は，遠方から雄の縄張りや行動圏
を子細に観察し，より良い雄を選んで，その雄へと接近するので，
雄の求愛は相対的にセレモニーのような場合もある．したがって，
偶発的に生じた交尾非受容雌に対する雄の求愛行動はしつこくな
い．

　ベニシジミの雌は単婚性で，雄はやや湿潤な草地で縄張りを作
る種である（**図 5.9**）．1995 年と 1996 年の 2 年間，夏季に野外で捕

⑤ 雌の立場と多回交尾

図 5.9 吸蜜中のベニシジミの雄

表 5.3 野外で捕獲したベニシジミの雌の交尾嚢内の精包数

1995 年と 1996 年の夏世代. Watanabe & Nishimura (2001) を改変.

年	精包数	FF	F	B	BB	BBB
1995	0	5	2	0	0	0
	1	29	16	7	1	0
	2	2	2	0	0	0
1996	0	2	1	0	0	0
	1	3	9	6	8	4
	2	0	0	1	0	1

獲した雌の交尾嚢内には，精包が1個存在することが多かった（**表 5.3**）．エイジがFでもゼロ個の精包をもつ雌，すなわち，エイジが進んでも未交尾のままでいた雌が認められたことは，雌が何らかの理由で交尾を避け続けていた可能性が高い．一方，精包を2個もっていた雌は，羽化直後のFFから老齢のBBBのエイジまで散見されている．しかし，エイジにかかわらず，どの個体も，最初に交尾したと思われる雄の精包は小さな破片として存在し，再交尾した雄の精包は通常の大きさであった．このことは，初回交尾で注入された精包が極端に小さすぎたか，何らかの理由で異常な交尾であった

ため雌は次の交尾を受け入れたに過ぎないことを示している．雌は自ら多回交尾を行なう傾向はないといえる．

ベニシジミを含め，単婚性といわれるシジミチョウ類の雌の腹部は比較的太い．雌は脂肪体を大量に保持して羽化してくるとともに，旺盛な吸蜜活動を示している．しかしベニシジミの場合，羽化直後にはほとんど成熟卵をもっていなかった．体内における卵成熟の速度は，アゲハ類やシロチョウ類と比較するとかなり遅い．雌は雄の設定した縄張りから離れて，吸蜜に明け暮れているようであった．したがって，交尾経験の有無にかかわらず，交尾を受容しない時，雌は原則として自ら雄の縄張りや生活圏には近づかないのである．実際，この種では定型的な交尾拒否行動は存在せず，偶然雄と出会った時には雄から離れる「回避」行動しか示さない．室内実験によると，雌は羽化後，体内で一定数以上の卵を成熟させた後に交

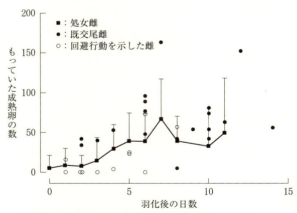

図 5.10 ベニシジミにおける雌の体内での卵成熟と行動の関係

室内で自由に吸蜜させた雌において，■の折れ線は未交尾に保った個体の保有成熟卵数の日変化である．これらの個体を雄を飼育している網室に適宜入れ，その雄と交尾した個体の保有成熟卵数を●，その雄に対して回避行動を示した個体の保有成熟卵数を○で示した．Watanabe & Nishimura (2001) を改変．

尾を受け入れていた（**図 5.10**）.

5.6 雌にとっての望ましさ

「種のため」という解釈の時代であっても，結果的に，チョウの雌の生き様は産下卵数の増加が目的であると解釈されていた．雌は自らの卵や幼虫を天敵から直接守ることはできず，天敵に対する効果的な防御手段を幼虫はもっていない．卵や幼虫，蛹の死亡率は高くなるので，可能な限り多くの卵を産下して，羽化成虫の数を1頭でも増やすことが雌の究極の命題といえ，「種のため」という解釈で充分に説明できたといえる．社会性昆虫のようなカーストをもたないので，説明に困るような自己犠牲の行動は生じなかった．したがって，雌は「産卵機械」と化しているという説明で充分だったのである．

チョウにおいて，視覚や嗅覚，触覚の鋭敏さが寄主植物に対して適応進化した結果，雌は，幼虫の発育に最適な寄主植物を選び，移動力の低い孵化幼虫のために，最適な寄主植物の最適な部位に卵を産下している．産卵刺激物質や摂食刺激物質などは，様々な種において寄主植物から分離・同定されてきた．したがって，適正な規模の個体数の幼虫に適正な寄主植物を適正な量だけ与えれば，ほとんどすべての幼虫を蛹化させ，羽化させることのできるのがチョウなのである（**図 5.11**）.

一方で，いくら最適な寄主植物があったとしても，それに対してもっているすべての卵を産みつけしてしまうのは危険が大きすぎる．餌としての寄主植物の最適な部分は，幼虫の成長とともに不足してしまうかもしれない．そもそも卵や幼虫が集まっていれば，捕食効率が高くなるので多くの天敵が集まってくるだろう．卵や幼虫の死亡率はどの種も密度依存的であった．なお，各幼虫が繊維状物

図 5.11　シロツメクサ上のモンキチョウの幼虫

図 5.12　ギシギシの葉裏で静止するベニシジミの幼虫

質を吐き出してネットを作り，集団でその中に潜んで過ごしたり，幼虫の体を警告色にして集団となり威嚇したりする種も知られている．しかし多くの種では，幼虫の体色を隠蔽的として，天敵から気づかれない工夫をしている（**図 5.12**）．したがって雌は，同一場所にすべての卵を産むよりは，広範囲にわたって卵を産み散らしたほうが適応的といえよう．

　近年，標識再捕獲調査などによって，雌の移動習性が明らかにな

ってきた．雄と比べて雌の再捕獲率は低く，雌は寄主植物の存在する植物群落を渡り歩いており，一つの生息場所における定住性は大変低かったのである．その結果，1頭の雌の卵は広範囲にわたって分布する寄主植物に少数ずつ産みつけられていることになる．同種の雌の産卵場所と競合する確率も低くなっていただろう．産下卵の密度が低ければ天敵からも逃れやすくなる．しかも，それぞれの産卵場所は微環境条件が少しずつ異なっているはずなので，1～2箇所の産卵場所が何らかの理由で壊滅しても，残りの場所で「種を維持」できるに違いない．したがって，いったん交尾して有り余る精子を注入された雌は，産卵に専念すればよいと考えられていたのである．

　体内で生産する卵を可能な限り増加させ，できる限り広範囲に産下するように進化してきた雌にとって重要な問題は，卵成熟のための栄養源と広範囲を飛翔するためのエネルギー源の供給である．前者は高タンパクでなければならず，後者は糖だけでもよい．したがって，幼虫期に摂食して溜めた寄主植物起源の脂肪体と花蜜の両者は必須といえる．しかし，それだけでは卵生産量に限りがあった．雌は，雄の注入物質に目をつけたのである．

　進化の過程において，交尾時に注入される高タンパクな雄の注入物質を吸収するようになった雌の卵生産量は顕著に上昇したに違いない．この機構によって，産下卵の増加という問題はある程度クリアできたといえよう．しかしその結果，雌はさらに長寿となってさらに広範囲を飛翔してさらに産下卵を増加させる方向に走り始めたようである．そのためには栄養が足りない！

　雌が新たな産卵場所へやってくると，たいてい，その場には雄がいて，求愛行動を示してくる．もしその時，附属腺物質や精包物質を吸収しつくしていたのなら，再び交尾を受け入れることで栄養を

補給できるに違いない．しかも，再交尾すれば新しい精子を受け取ることになり，その精子で受精させた卵を産めれば，自らの子孫たちは少なくとも2頭の雄から得た遺伝子のどちらかとなる．どちらかの雄が遺伝的に弱かった時の保険ともいえよう．結果的に雌は，生涯に複数回交尾して，産下卵の増加と産下卵の遺伝的多様性の増加を達成しているといえる．すなわち，それぞれの雌が子孫の増加を追求していることを示すので，「利己的遺伝子」を持ち出さなくても，「種のため」で説明がつくかもしれない．雌個人（？）が利己的でなくても，種が利己的であればよいからである．しかし，このような雌の振る舞いに対応せざるを得ない雄の振る舞いの説明は，「種のため」では説明がつかなかった．

交尾と産卵にかかわる
雄の様々な戦略

6.1 雌に対抗する雄

　雌にとって，自己の繁殖成功を上昇させるための重要な栄養源の一つが，交尾時に注入された精包を主体とする物質であった．産卵を始めた雌は，それらの物質を吸収してしまった後，さらに産卵するための栄養を獲得すべく，雄との交尾を積極的に求めるようになったとしてもおかしくない．この一連の流れにおける雌の前提条件とは，自己のもっているすべての卵に授精できるだけの多量の精子はすでに注入されているので，特別な場合を除いて，精子が枯渇する危険はないということである．もちろん，多回交尾すれば，受け取った精子の在庫量はさらに増すだろう．しかも，産下卵を，2回目の雄，3回目の雄……と，それぞれの交尾から得た精子で受精させれば，雌の子孫の遺伝的多様性はさらに増加する．すなわち，種の維持だろうが自己の子孫のみの繁栄だろうが，雌の交尾目的は栄養の獲得に重きが置かれ，自己の子孫により良い遺伝子を注入でき

たかどうかは，後からついてきた結果といえるかもしれない．

「種のため」に雌雄が生きているのなら，雄にとっても，雌と交尾する目的が，雌に栄養物質を差し上げるという解釈でもよかった．雄たちは，種の維持のために，せっせと吸蜜し，自己を犠牲にして高タンパクの注入物質を生産し，雌にかしずくというのである．しかし，もしそうなら，雄同士に激しい競争が生じていることは腑に落ちない．雌に栄養を与えている最中の交尾・連結態に対して別の雄が攻撃をかければ，栄養の注入に失敗したり，対抗する行動を示したりするコストがかかって，「種のため」にはならなくなってしまう（**図 6.1**）．○○のために自己犠牲の強さを競争して賞賛を受けようとするのは，歪んだ人間社会だけである．「利己的遺伝子」を基礎とした考えでは，雄の交尾の目的は，自己の注入した精

図 6.1　交尾中のヒメシジミに向かって飛翔する同種の雄

連結態の右上に静止しているのはキバネツノトンボで，ヒメシジミ 3 頭の行動には無関心のようであった．　→ 口絵 4

子で受精した卵を産下してもらうことであり，その結果として，自己の（遺伝子の）繁殖成功が得られたとする解釈であった．すなわち，交尾に関して，雄と雌の主要な目的はズレている．

雌が多回交尾を行なえるという潜在力を誇示して雄から多量の栄養物質を搾取するだけでなく，あまつさえ，「より良い（遺伝子をもっていると思われる）雄」を選んでいることは，雄の対抗進化を促したようである．ウスバシロチョウなどに見られる交尾栓（図4.7参照）は，雌に対して以後の交尾を禁じる雄の決意といえよう．もっとも，それにもかかわらず再交尾を行なっていた雌は存在する．

雌に交尾を受け入れていただくという立場の雄にとっては，結果的に，雌の目的に対応しながら自己の目的を完遂せざるを得なかった．交尾嚢に繋がった伸展受容器によって交尾嚢内の精包の大きさが判断され，精包が小さくなると再交尾するという機構が雌にあるなら，注入された栄養物質を消費した後，その雄に断りなく，雌が再び交尾することは避けられない．再交尾した雌が，今まで通りに，自己の精子で受精した卵を産下してくれる可能性は低くなるだろう．したがって，自己の精子で受精した卵を可能な限りたくさん産下してもらうためには，交尾後，再交尾するまでの期間（≒産卵期間）を延ばす工夫が必要となる．すなわち雄は，可能な限り大きな精包を生産して注入するように進化してきたといえよう．実際，小さな精包を受け取った雌は，大きな精包を受け取った雌よりも短期間で再交尾を受け入れている．しかし，精子生産と違い，附属腺物質を多量に含む精包の生産には限界があった．

交尾終了直後に雌へ注入された物質量は，ナミアゲハで充分に栄養をとっていた雄なら，精包と附属腺物質がそれぞれ6 mg 前後であり，羽化時体重の約3%を占めることになる．一方，モンシロチ

ョウも約5 mgの精包を注入しており，日本産の種で雄の羽化時体重の7%，やや大型のスウェーデン産で6%に達していた．したがって，アゲハ類よりもシロチョウ類の雄のほうが，1回の精包生産に負担のかかっている可能性が高いといえる．ヨーロッパ産のチョウ25種を調べた結果によると，1回の交尾における注入物質量は，雄の体重の1.4〜15.5%と種によって変異し，特に，エゾスジグロシロチョウでは1個の精包が雄の体重の15%近くになることもあったという．したがって，精子を無限に作れるとしても，注入物質の生産には大きなコストがかかることになり，「雄は常に交尾の準備が整っている」というかつての考えは否定されるようになった．

注入物質の生産はコストがかかるにもかかわらず，普通の雄が普通に生産する精包の体積とその種の雌の生涯最多交尾回数の間には正の相関関係があった．生涯交尾回数の多い種（≒雌が多回交尾

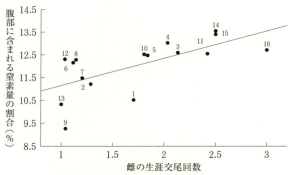

図6.2 雌の生涯交尾回数と雄の腹部に含まれている窒素の割合の関係

図中の数字は種を表している．1: *Aporia crataegi*, 2: *Pieris brassicae*, 3: *Pieris rapae*, 4: *Pieris napi*, 5: *Pontia daplidice*, 6: *Anthochalis cardamines*, 7: *Gonepteryx rhamni*, 8: *Leptidea sinapis*, 9: *Pararge aegeria*, 10: *Aglais urticae*, 11: *Polygonia c-album*, 12: *Speyeria mormonica*, 13: *Heliconius charitonius*, 14: *Heliconius melpomene*, 15: *Heliconius pachinus*, 16: *Heliconius hecale*. Karlsson (1996)を改変．

する傾向の強い種）であればあるほど，雄の生産する精包は大きくなっている（**図 6.2**）．また，多回交尾の傾向の強い種の雌が受け取る精包は，単婚的な傾向にある種に比べてタンパク質が多く含まれているらしい．

　雄が交尾時に注入する物質の生産にナトリウムイオンを利用することも，近年明らかにされてきた．すなわち，夏季にしばしば観察されるチョウの雄の吸水行動は，交尾時における注入物質の生産量を増加させていたのである．特に黒色系アゲハ類やアオスジアゲハ，シロチョウ類などは，驟雨の後の路上にできた水溜まりなどに集まってくる（**図 6.3**）．このように集団となって給水行動を示す傾向は熱帯起源の種に多い．その構成員は，原則として若い雄に限られ，土壌の水分中に含まれるナトリウムイオンが吸水行動を解発している．ナミアゲハの口吻内の神経伝達機構を調べた井上 尚さんによると，口吻の最も先端に位置する神経細胞はナトリウムイオンに，それよりも奥に位置する神経細胞が糖に興奮するので，ほんの少しだけ塩を入れた砂糖水を与えたほうが，純粋な砂糖水を与える

図 6.3　夏季，驟雨の直後，林道の水溜まりに集まって吸水を始めたミヤマカラスアゲハの雄

よりも摂取量は増加するのだという．ナミアゲハに実験的に低濃度の塩水を与えてみると，寿命には影響が出なかったものの，与えなかった雄よりも精包生産力は高くなっていた．したがって，雄の生活史にとって給水行動は重要であるといえるが，老齢雄は給水行動を示さないなど，この行動の意義はまだ充分に解決されていない．

6.2　行動的雄間競争

　交尾した雌にライバルの雄と再交尾させない方法として，交尾終了までに雌の交尾孔に「交尾栓」を作ってしまう種がある一方，精子や附属腺物質の注入後一定期間，雌との連結を継続して，自らが交尾栓の役目となって新たな雄との再交尾を防ぐ行動を示す種もある．しかし多くの種の雄では，雌が交尾拒否行動をできるだけ長時間解発し続けるように，雌が精包を崩壊させ，吸収しつくすまでの時間がかかるように，大きい精包を注入しようとする戦術をとっている．

　一般に老齢になった雄は，雌と出会うとどのような状況であっても求愛行動を示すことが多い．すなわち，雌が吸蜜中であっても産卵中であっても，また，休息中であっても，接近するのである．この場合たいていの雌は，接近して求愛行動を示そうとする雄が老齢であることを判断できるようで，飛翔して雄を回避し，静止した交尾拒否姿勢は示さない．老齢の雄は鱗粉が脱落し乾燥した翅をもっているので，複雑でしなやかな飛翔ができず，雌の飛翔に追随できないからである．結果的に，老齢の雄は雌から選択的に排除され，交尾成功の確率は低い．

　交尾を経験したモンキチョウの雌が次の交尾を受け入れる場合，特に白翅型雌の場合，自分を巡っての求愛集団の中からどの雄を選ぶかは，最後まで諦めずに自分につきまとった雄であった．求愛集

表6.1 モンキチョウの雌雄について，様々な組み合わせによる交尾の持続時間と注入された精包の体積

どちらの型の雌と交尾しても，老齢雄が注入した精包は有意に小さかったことがわかる．黄翅型雌との交尾時間のほうが長かったが，それぞれの雌の型において雄のエイジの間で交尾時間に有意な差は得られていない．Watanabe *et al.* (1997)を改変．

雌	雄	交尾時間（分）	精包体積（mm^3）
白翅型雌	×若齢雄	74.9 ± 6.3 (18)	1.3 ± 0.3 (9)
	×老齢雄	95.3 ± 20.4 (9)	0.6 ± 0.1 (9)
黄翅型雌	×若齢雄	121.6 ± 41.1 (5)	1.0 ± 0.1 (9)
	×老齢雄	121.6 ± 21.5 (5)	0.3 ± 0.1 (9)

団における激しい飛翔は，その集団内に留まろうとする老齢の雄を振るい落とす役割ももっていたようである．最後まで求愛を行なうことのできた雄はたいてい若かった．若い雄は交尾時に大きな精包を注入でき，年寄りの雄は（少なくとも1回は交尾経験があるとしたら）大きな精包を作れない可能性が高い（**表6.1**）．とするなら，注入させた精包を吸収して，いずれは自らの栄養にしようとする雌の思惑から見ると，どうせ交尾するなら大きな精包をもらうべきであろう．したがって，1頭の雌に複数の雄が求愛するという求愛集団から，「体力？」のない雄から順番に脱落すれば，最後に残るのは若い雄となり，その雄の求愛の「腕（≒しつこさ）」で，雌が交尾を受け入れるかどうか決まるのである．

モンキチョウの場合，求愛に熱心な雄は，1頭の雌を巡って群がって飛翔するばかりでなく，さらに興味深い行動を我々に見せてくれる．彼らはしばしば交尾中の連結態にチョッカイをかけた．探雌飛翔中の雄が，草の上で交尾している連結態に気づくと，たいてい降下し，交尾中の雌雄の周囲で数秒間羽ばたいた後に去っていく．ところが，中には，1分以上もその周りで羽ばたいたり，連結態の雌の前翅に着陸し，それを伝って雌のそばにぴったりと寄り添って

しまったり，あげくには腹部を曲げて，連結態となっている雌の腹部の横へくっつけたりする雄まで見られる．連結態にとって，こんな鬱陶しい振る舞いはないであろう．このような雄の行動はハラスメントと名づけられている．

もちろん交尾中の雄はその鬱陶しい行動を好むわけがなく，雌と連結したまま逃れようと，歩いて位置を変えたり，数mよたよたと飛んでみたりする．交尾中に何頭もの雄に繰り返しハラスメントをかけられた場合，交尾している雄は精包の注入が終了しても連結を解消しない．結果として交尾時間は通常の2倍から3倍に延びてしまうこともまれではなかった．一方，交尾相手の雌は，どんなに激しいハラスメントにもほとんど無関心のように見える．

しつこいハラスメントは交尾・連結している雄が比較的年寄りの場合に多く見られている（**表6.2**）．若い雄が生産したような大きな精包が注入されているのでなければ，その雌は再交尾を受け入れてくれる可能性が高い．したがって，連結相手の雄が老齢と判断した場合，うまくすれば交尾終了後すぐにも雌は再交尾を受け入れてくれるかもしれないのである．実際，年取った雄と通常より3倍もの時間交尾させられた雌が，その終了後，直ちにハラスメントをかけ

表6.2　モンキチョウの連結態にかけられたハラスメントの時間

どちらの型の雌との交尾においても，交尾相手が老齢雄だった時，ハラスメントを受ける時間は有意に長くなっている．なお，白翅型雌と交尾している老齢雄に対するほうが，黄翅型雌と交尾している老齢雄よりもハラスメントの時間が有意に長く，黄翅型雌のほうが再交尾しにくい傾向をもつことと関係があるのかもしれない．Watanabe *et al*. (1997) を改変．

雌	×若齢雄		×老齢雄		
	観察回数	持続時間（秒）	観察回数	持続時間（秒）	
白翅型雌	102	4.7±0.6　(8)	117	15.7±3.1　(13)	$P < 0.01$
黄翅型雌	83	4.3±0.9　(6)	102	11.9±3.0　(9)	$P < 0.01$

ていた雄と再交尾してしまった例や，ハラスメントをかけていた雄が，交尾している年取った雄を交尾途中で追い出して，相手の雌を乗っ取ってしまう例が観察されている．

　雄が縄張り行動を示す種においては，「縄張り行動」自身が雄間競争である．その結果，パワフルな雄が縄張りを比較的長く維持でき，雌との交尾機会も高くなっているといえ，そのような雄は，体サイズに大きな違いがなければ，若い雄であることが多い．したがって，老齢であればあるほど交尾機会は低くなっているに違いなく，このような種では，雄の老化過程が，自己の繁殖成功度の上昇にとって最も重要な問題といえよう．しかし，何らかの方法でライバルの雄に打ち勝ち雌に受け入れられ交尾していただけたとしても，直ちにその雄の繁殖成功が上昇したとは限らない．相手が処女雌だったならいずれかは再交尾するであろうし，既交尾雌だったなら前回の雄の精子が体内に残っているからである．前者の場合，交尾後，その雌が一定数の卵を産むまでつきまとって他の雄を排除することは，寄主植物の分布状態や雌の産卵様式から見て不可能であろう（卵塊産卵する種なら，1卵塊を産みきるまで雌の傍らに留まって，他の雄の接近・求愛を防ぐことなら可能かもしれないが）．後者の場合，雌体内で，どちらの雄由来の精子が受精に用いられているのかを雄は判断できず，結果的に雌任せといえなくもない．これでは，雄の交尾目的が達成できないことになる．しかし，交尾後，雌と離れてしまい，交尾相手のその後の産卵や再交尾を管理できなくても，雄には奥の手があった．無核精子の活用である．

6.3　有核精子と無核精子

　チョウをはじめとして鱗翅目昆虫の雄が生産する精子には，核をもつ有核精子と核をもたない無核精子のあることが知られるよう

図 6.4 ナミアゲハの有核精子束と自由有核精子，自由無核精子の模式図
渡辺・盆野（2001）を改変．

になって約 100 年が経過した．雄は交尾嚢内で精包の外殻が完成するまでに精子の注入を終えてしまうが，この時，精包内に注入されている有核精子は束となっており，交尾終了直後から，有核精子の束は徐々にほどけて自由有核精子となっていく．1 本の有核精子束は，普通，256 本の自由有核精子からなっている．その形態は，緩やかに波打つ核のある太い頭部と，小刻みに波打つ細い鞭毛からできている尾部に分けられる（図 6.4）．スウェーデン産のモンシロチョウの場合は，交尾終了直後の精包内の有核精子束で約 580 μm，ほどけた後の自由有核精子もほぼ同じ長さである．

無核精子は形態的に有核精子と異なっている．すなわち，全体的に細く，核はなく，1 対のミトコンドリアと鞭毛のみからなっており，有核精子の尾部に酷似していることが多い．スウェーデン産のモンシロチョウやナミアゲハの場合，無核精子は有核精子の半分程度の長さしかなく，形態は有核精子の尾部に似ている．このような形態的特徴により，無核精子とは，有核精子の生成過程において細胞分裂に何らかの異常をきたした精子と考えられ，有核精子生産に

おける副産物であると見なされていた．しかし実際には有核精子とは別の発生過程を辿って生産され，精巣内で生産されたばかりの無核精子は有核精子と同様に束を形成しているのである．しかも有核精子束とは異なり，精巣で生産された無核精子束は，精巣を出て濾胞の基底膜を通過する際にほどけてしまう．そして，有核精子束とともに雄の貯精嚢内に貯えられているので，交尾の開始時にはすでに個々の自由無核精子として存在していたのである．

　自由無核精子と有核精子束は交尾の最終段階で雌に注入され，交尾が終了し雌雄の連結が解消した時，精包内のやや「首」に近い部分に収まっている．その後数時間以内に有核精子の束は解け，自由有核精子となり，精包から交尾嚢内へと流れ出ていく（**図 6.5**）．

　ナミアゲハの場合，交尾終了後，精包内に存在していた有核精子束は 43 本で，自由有核精子に換算すると $43 \times 256 \fallingdotseq 11,000$ となる．スウェーデンのモンシロチョウでも 1 回の交尾で約 10,000 本の自由有核精子を注入していたという．他種でも同様の報告が多く，ど

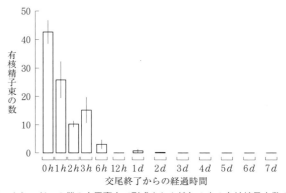

図 6.5 ナミアゲハの雌の交尾嚢内で形成された精包の中の有核精子束数の変化
0 h は交尾終了直後を表し，42.7 本の有核精子束が注入されていたことを示す．Watanabe *et al.*（2000）を改変．

うやらチョウでは，雄が栄養条件さえ充分だったなら1回の交尾で約10,000本の自由有核精子を注入できるようである．そして羽化後，初回の交尾までに間が開くと，その間における吸蜜と休息が充分なら，注入できる精子の生産数は増加していく．この関係は，一度交尾した雄が再交尾する際にも同様に見られており，生産・注入される自由有核精子数は，雄の交尾経験によっても大きな違いが認められていない．したがって，いずれの場合でも，もし1卵を1自由有核精子が授精するなら，雌の蔵卵数や実際の生涯産下卵数と比較して過剰すぎる量が注入されていたことになる．

交尾終了直後から解け始めた有核精子束は精包内で自由有核精子となるが，signa によって破壊された精包の壁から交尾嚢内へと流れ出ていく．図 6.6 は精包内の自由有核精子数の経時的変化を示しており，交尾終了後2時間目で最高となっていた．この時までに，有核精子束は33本は解けているので $33 \times 256 \fallingdotseq 8500$ の自由有核精子が生じた計算となり，実際，それに近い数字がこの図から読み取れる．ところがこの後，精包内の自由有核精子は急激に減少し，丸1日経つと精包内からほぼ消滅してしまった．交尾嚢へ流れ出た後，受精嚢へと移動したからである．

無核精子は自由無核精子として精包内に注入されている．その数は150万本強と，ナミアゲハの場合，自由有核精子数の10倍を超えていた（図6.6）．これらの自由無核精子は，交尾終了後1時間ほどは精包内に留まっているが，2時間を過ぎると半減し，12時間で，大半が精包から消失してしまう．すなわち，自由有核精子よりもやや早く交尾嚢内へと出ているといえ，どちらも，交尾嚢管から卵管を経由して受精嚢管を通って受精嚢へと移動するのである．その結果，交尾終了6時間後には，自由無核精子が受精嚢へと到達し始め，自由有核精子が到達するのは交尾終了12時間後頃になって

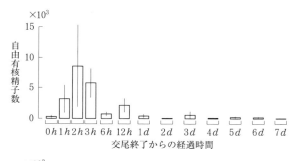

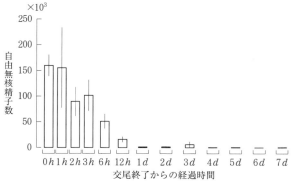

図 6.6 ナミアゲハの雌の交尾嚢内で形成された精包の中の自由有核精子（上）と自由無核精子（下）の数の変化
0 h は交尾終了直後を表し，自由有核精子はほとんど存在しないのに対し，自由無核精子は 150 万本を超えていることがわかる．Watanabe *et al.*（2000）を改変．

からである．このような精包（≒ 交尾嚢）から受精嚢への精子の移動は sperm migration と呼ばれ，交尾後，約 1 日で終了してしまう．したがって，交尾してから 1 日以上経った雌の交尾嚢内では，注入された精包がいくら交尾時と同様の大きさや形に保たれていたとしても，その中に精子は存在していないことになる．精子はすでに受精嚢に溜められて産卵時に授精するためにスタンバイしているといってよいだろう．

ナミアゲハに限らず，雄が1回の交尾で注入する自由無核精子は自由有核精子の10倍を超えるのが普通である．自由無核精子の数も，初回交尾までの期間を長くして，その間に吸蜜と休息を充分にさせると，注入量は増加していく．たとえば，エゾスジグロシロチョウの雄の場合，羽化翌日に交尾すると約100,000本の自由無核精子を注入したが，羽化3日後に交尾すると約200,000本と2倍以上の数の自由無核精子を注入するようになる．

一方，雄が繰り返し交尾を行なうと，精包などの注入物質量は減るものの，注入精子数は減らないことがわかってきた．特に，スウェーデンのモンシロチョウの雄に繰り返し交尾をさせた実験では，最初の交尾で注入した自由無核精子の数は，換算された自由有核精子数の8倍程度であったが，4度目の交尾では約20倍にもなってしまったという．これは自由有核精子の注入量の変化と大きく違っている．無核精子が有核精子の生産中に生じた単なる副産物とは考えにくいこととあわせ，この観察結果が出発点となって，無核精子の役割について多くの仮説が立てられるようになった．

6.4 代理闘争

交尾後，雌体内において，注入された精子がsperm migrationによって精包から受精嚢へと移動することは，従来より知られていた（**図6.7**）．交尾後しばらく経ってから雌を解剖すると，交尾嚢内の精包は空洞になっていたことや，受精嚢に到達した精子は活性が低下するものの，いくつかの条件を整えると再び活性が戻ったことなどにより，産卵時に授精に与える精子は受精嚢内の精子であることが明らかにされている．しかし，精子がいつまで精包や交尾嚢に留まっているのかは，つい30年ほど前までわからなかった．そのため，雌が再交尾した時，再交尾相手の雄は，自らの注入物質で最

6 交尾と産卵にかかわる雄の様々な戦略

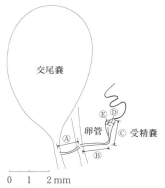

図 6.7　1 回交尾したナミアゲハの雌における交尾嚢と受精嚢の配置の模式図
図中のⒶは交尾嚢から卵管までの交尾嚢管の長さ（約 3.5 mm），Ⓑは卵管から受精嚢までの受精嚢管の長さ（約 1.6 mm）を，Ⓒは受精嚢の長さ（約 1.7 mm），Ⓓ・Ⓔは二つの袋に分かれた受精嚢のそれぞれの袋の幅（それぞれ約 0.3 mm）を示す．したがって，精子はかなりの長距離を移動しているといえよう．渡辺・盆野（2001）を改変．

初に交尾した雄が注入しておいた精包を交尾嚢の奥へ押し込み，受精嚢へ向かう管のある交尾嚢出口付近に自分の精子入りの精包を置き，最初に交尾した雄の精子が受精嚢へ移動しようとするのを妨害していると考えたようである．多くのチョウの交尾嚢は，精包が追加されるとゴム風船のように伸びて大きくなることができるからで，シロチョウ類やアゲハ類では，老齢になった雌の腹部の半分以上が交尾嚢で占められていたこともまれではない．すなわち雄は，ライバルとなった雄の精子の授精妨害を，直接，自らの力で行なっているという解釈であった．これを，雄間競争においてライバルを蹴落とすための，精包による「位置効果（position effect）」という（図 6.8）．したがって，雌に再交尾を受け入れさせられるような雄は，いろいろな意味でパワフルであり，雌はそのパワフルさに負けて結果的に再交尾を受け入れているので，雌に生じる多回交尾という現象の出発点は雄の強制であるとされていた．雌は生涯に 1 回し

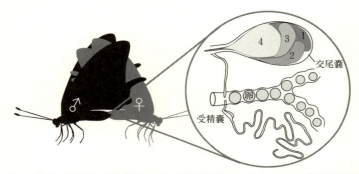

図6.8 雌が4回交尾した時のナミアゲハの雌の交尾嚢内における精包の配置の模式図
最初に交尾した雄の精包は押しつぶされ交尾嚢の最奥へと押しつけられている．最後に交尾した雄（図では4番目の雄）の精包は，交尾嚢の最も出口に近いところに位置している．交尾嚢管を通り，卵管と受精嚢管を経由して受精嚢へと移動しやすい位置にあるのは，最後に交尾した雄の精子のみであるといえよう．

か交尾せず，雌の産卵行動は種の保存のために行なわれるという呪文がまだ尾を引いていたからであろう．

　注入された精子が交尾後1日もあれば受精嚢へ移動してしまうことと，精包物質が数日かけて吸収され，精包が交尾嚢内で小さくなった時に再交尾が受け入れられるという事実は，2番目以降に交尾した雄は，自らの力でその前に交尾していた雄の精子による授精を妨げることができないことを示していよう．再交尾した雌の受精嚢内へと，すでに精子は移動しているからである．逆に，最初に交尾した雄にとっては，可能な限り精子の活性を上げてさっさと受精嚢まで移動させるべきであろう．2番目の雄によって自分の精包を交尾嚢の奥に押し込まれても，最も大事な精子は，すでにもぬけの殻になっていたとすればよい．精包内のスクロースは，このような精子の移動活性のためのエネルギー源であることが示唆されている．さらに，大きな精包を注入して，雌の吸収に時間をかけさせられれば，再交尾が遅れるのでなお良いだろう．もっとも，このような適

応進化は 2 番目に交尾をすることになった雄にとっても当てはまる．雌は，さらに交尾を行なうに違いなく，3 番目となる雄に対抗する戦術になり得るからである．したがって，大きな精包の注入だけでは，自らの精子による受精卵の産下という目的において，ライバル雄に打ち勝てないといえよう．

雌が複数回の交尾を行なった時，雄の精子は雌の体内（特に受精嚢内）で他の雄の精子と出会うことになるかもしれない．雌が産卵する時，受精嚢から卵管へと向かう受精嚢管の端の筋肉が緩んで精子が出ていくため，受精嚢内に複数の雄の精子が混じって存在していたとしたら，精子の間で競争が起こり，それぞれの精子で能力に差がなければ，どの精子で卵が授精されるかは，確率的に，受精嚢内における精子の割合に依存する．もしそうなら，一度に多数の精子を生産し，雌に注入できた雄が有利になったであろう．すなわち雌が多回交尾しやすい種の場合，雄の精子生産能力が高まるように進化してきた可能性がある．雌が生涯に複数回交尾する傾向の強い種であればあるほど，雄は比較的大きな精果をもち，精子生産量を増加させるように進化したと解釈するのである．また，このような種の雄ほど 1 回の交尾で注入する物質量は大きく，精包内にはたくさんの精子が含まれている．とはいえ，授精に与れる精子（＝ 有核精子）の生産にも限りがあった．

受精嚢に到達した自由有核精子が，すでに存在していた他の雄の自由有核精子や，後から交尾した他の雄の自由有核精子と出会い，授精時にそれらと競争することを避けようとするなら，出会わないようにするか，出会ってしまうなら，相手の精子が何らかの不利な状態になるようにする何らかの工夫が進化してきてもおかしくない．核をもたず卵に授精できない無核精子は，結果的にそのための手段となってきたようである．雄は，自ら体を張った競争をするの

ではなく，無核精子という代理人を立ててこの競争に臨んでいたといえよう．

6.5　無核精子の役割についての様々な仮説

　チョウの交尾において無核精子の存在が知られ，それが有核精子の生産過程における細胞分裂の失敗作ではないことが明らかになって以来，数多くの役割仮説が提案されてきた．初期の頃は，雄体内における生理学的な役割に焦点が当てられ，その後，雄間競争の一つと認識されるようになってきている．これらの仮説はおおざっぱに8つに分けられる．

　最初の仮説は，有核精子束が雄体内で精巣の濾胞の基底膜を通過して輸精管へと移動するのを助ける，というものである．有核精子と無核精子は雄体内の精巣で作られた後，基底膜を通過し，貯精嚢へと移動して交尾に備えるが，有核精子束が雄体内で睾丸小胞と輸精小管を隔てる基底膜を通過するための方法は，構造などが観察されていないためよくわかっていない．無核精子は有核精子束よりも早く基底膜を通過して輸精小管へ移動するので，基底膜の組織は粗くなり，有核精子束はその基底膜の組織が回復を開始するより前に基底膜の通過を開始し，輸精小管内へ移動を完了している．したがって，無核精子が基底膜に穴をあけることによって有核精子の移動が助けられているのである．しかしこの仮説だけでは，雌の体内に注入された後の無核精子の活発な活動性を説明できない．

　次の仮説は，無核精子が有核精子束をほどくあるいは精包内を撹拌する働きをもつ，というものである．交尾終了直後の精包内は粘性が高く，有核精子は束の状態で注入されるので移動には不向きであるに違いない．したがって，有核精子束がほどけるためには活性のある無核精子の存在が必要であるという．そもそも交尾直後の精

包内において，無核精子は活発な回転運動を行なっている．交尾終了直後の精包内に存在する有核精子束の横断面を観察すれば，ほどけかけた有核精子束の間に自由無核精子が絡みついているという．すなわち，自由無核精子の回転運動により，束からほどけ始めた自由有核精子の分離を促進しているといえ，無核精子が精包内を撹拌して粘性の高い精包内の物質の分解を促進するとともに，有核精子束の分離を促進するという仮説である．

　3番目の仮説は，雌体内での交尾嚢から受精嚢への有核精子の移動を助ける，というものである．交尾終了後，無核精子は精包中ですでに活動性が高くなっているので，受精嚢に先に移動してしまう．これに対して，精包内で束が消失した後も有核精子の運動はまだ緩慢である．したがって，有核精子の交尾嚢から受精嚢への移動が無核精子の活性に依存しているというものである．もちろん，有核精子の移動には無核精子の活動ばかりでなく，交尾嚢管や受精嚢管の蠕動運動も関与しているだろう．実際，ナミアゲハでは，有核精子とそれを取り巻く多数の活発な無核精子からなる集団で，交尾嚢中の精包から輸精管へと移動していくことが多い．しかし，受精嚢に移動した無核精子は，その後しばらく受精嚢中に存在しているので，無核精子の役割は有核精子の受精嚢への移動だけではないといえよう．

　仮説の4番目は，無核精子が雌自身の体の維持や有核精子の生残，あるいは受精卵の栄養として吸収される，というものである．実際，蛾類の精子の電子顕微鏡写真では，無核精子の尾部を取り巻く尾鞘の内側に比較的多くの物質が存在すると報告されている．これらが雌に吸収されれば，いろいろな栄養に変換されているに違いない．このような栄養としての役割をもつ無核精子は redundant sperm（過剰精子）と名づけられている．

5番目の仮説は，複数回の交尾を行なった場合に自らの有核精子の優先度を高める，というものである．生涯に複数回の交尾を行なう雌において，受精に用いられる精子が受精嚢内でランダムに選択されるならば，多数の精子を注入した雄が多くの卵に授精できるので適応度が高くなるといえ，有核精子と同時に受精嚢へ入る無核精子の数を増やすことで，他の雄由来となる有核精子の相対的な存在比率を下げ，結果としての受精率を下げているという考えである．特に，既交尾の雄の場合，未交尾の雄に比べて交尾時に注入する精包が小さくなりがちであることと，雄の2度目の交尾時には未交尾の雌に出会う確率が少なくなってしまうからだという．

仮説の6番目は，他の雄の精子に絡みついて動けなくする，あるいは他の雄の精子を殺してしまうというセンセーショナルなもので，「kamikaze sperm 仮説」と呼ぶ研究者もいる．すなわち，自らの死も厭わずに他雄の有核精子を攻撃するという役割を無核精子がもっているという仮説で，核をもたない無核精子だけでなく，核をもつものの形が大きく異なる異型精子が見い出された種に関して提出されてきた．特に，精子多型の見られる哺乳類においては，ある型の精子が次に交尾した雄の精子の進入を阻むための障害物となって雌の生殖管内に散らばったり，特定の場所で網目状になったりして精子の進入を阻んでいるという．このような kamikaze sperm は直接的，あるいは間接的な方法で，雌体内で他の雄の精子を殺すことができると考えられた．しかし，これまでに鱗翅目昆虫の無核精子が他の雄の精子を殺すといった報告はない．また，たとえそのような機能があったとしても，「どのようにして他の雄由来の有核精子を自らの有核精子と区別しているのか」は解決せねばならない重要な問題である．そもそも，鱗翅目昆虫においては先に交尾した雄の精子が優先的に受精に使用されるのが普通なので，包括的な仮

説とは見なされていない.

7番目の仮説は, 受精嚢内に充満して雌の再交尾を抑制する, というもので,「cheap filler 仮説」と呼ばれている. すなわち, 無核精子は, ライバルとなる雄が注入した精子を排除するのではなく, 雌の再交尾を遅らせる機能をもつという説である. 無核精子はエネルギー的に低コストで作り出せるので, 受精嚢内の安上がりな詰め物 (cheap filler) となっているというのである. 多回交尾を行なう雌では, 受精嚢内に精子が多量にあると再交尾の遅れる種が知られている. もしそうなら, 受精嚢内へ無核精子を多数注入して活発に泳ぎ回らせることで, 受精嚢に精子が充満しているという信号を雌へ与えて雌の再交尾を遅らせ, 自らの精子による受精卵を増やすという適応的な意義があるというのである. 交尾嚢内の精包の大きさではなく, 受精嚢内の精子の存在によって交尾拒否行動が解発されるなら, 受精嚢を充満させるために無核精子を詰め物として利用するのは適応的であろう. ただし, チョウにおいて雌の交尾受容性を決定するのは交尾嚢内の精包の大きさであり, ナミアゲハなら受精嚢内の無核精子は約1日で消失してしまうので, この仮説をチョウには適用しにくい.

最後の仮説は, 前の雄の精子を受精嚢の奥に押し込むことで自らの精子の受精率を高める, というものである. 雌が複数回の交尾を行なった場合, 以前に注入された受精嚢内の有核精子は後に注入された有核精子によって奥のほうに押し込まれてしまい, その結果, 後で注入された精子が受精嚢の入り口付近を占めることになり, 優先的に卵の受精に使用されることになるという. したがって, 競争相手の雄の有核精子を受精嚢の奥に押し込むために多数の精子を生産することが有利となるので, 雄はこの目的のために生産のコストの低い無核精子を多数生産したという可能性が考えられる. した

114

がって，雌の体内で精子間競争が予想できるような場合，鱗翅目の雄はコストの低い無核精子を多量に注入することによって前夫の精子を受精嚢の奥に押し込み，交尾嚢内ではなく受精嚢内の精子のposition effect で自らの有核精子の受精率を上げているのかもしれない．

6.6 再び雌へ：将来

　残念ながら，無核精子の役割の解釈において，決定打はまだ得られていない．それどころか，雄の注入する精子の運命を追求すればするほど，交尾後の雌が，その時に注入された精子を正直に（！）受精に使って産卵していない例まで明らかになってきた．雌は，求愛にきた雄たちの中から，お眼鏡にかなった雄を選んで交尾を受け入れていたばかりか，交尾後，お眼鏡にかなった雄の精子だけを受精に使おうとしていたのである．たとえば，ナミアゲハの場合，2回交尾した雌において2回目の交尾後に産下した卵を調べたところ，交尾の順序にかかわりなく，小さな精包を注入した雄の精子は雌によって選択的に排除されていた（図6.9）．すなわち，雌は雄に対して，結果的に大きな精包を生産して注入するように仕向けていたことになる．話は振り出しに戻ってしまった．しかしそれでも，注入物質量は雌の搾取への対抗であり，無核精子は雄間競争の武器である可能性が高い．

　「利己的遺伝子」を基礎理論としたチョウの行動生態学の発展は，この20年ほど目を見張るものがあった．流行りのDNA解析を行なわなくとも，ある程度の解剖の技術さえあれば，充分に対応できたのである．しかし，今，精子競争を主題としたチョウの研究は，やや停滞気味となってしまった．欧米の研究者が扱っている種では，室内で再交尾を安易に行なわせにくいことや，交尾後に解剖して受

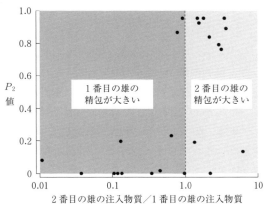

図 6.9 2 回交尾したナミアゲハの雌において，2 回目交尾後に産下した卵に授精した雄と交尾時に注入した精包の重さの関係

P_2 値は，0 と 1 の間を動き，最初の雄の精子で受精した産下卵の場合は 0，2 番目の雄の精子で受精していれば 1 となる．横軸はそれぞれの雄が注入した精包の相対値で，1 は最初と 2 番目の雄の精包はほぼ同等であり，1 以上の場合は 2 番目の雄の精包が大きく，1 以下の場合は 2 番目の雄の精包が小さい場合を示す．Sasaki et al. (2015) を改変．

精嚢などを壊さずに取り出すための研究者自身の器用さが必要なことなど，実験を遂行する上で様々な障害が生じているからである．もっとも一方で，幼虫の大量飼育の技術は遅滞なく進み，害虫の大量飼育法と遜色がなくなって，実験材料の枯渇に苦労することはなくなってきた．

アメリカ・スタンフォード大学を訪問した時，飛行機の格納庫のような倉庫がモンキチョウの仲間の幼虫飼育場所に充てられ，空調と照明がコントロールされた中で何人もの飼育専任のスタッフが働いているのを見せてもらった．ゆっくりと動くベルトコンベアーに置かれたアルファルファの芽生えのポット（日本のスーパーで売られているスプラウトの透明プラスチックを想像してほしい）の上

にはそれぞれ5頭の幼虫がいて，自分の前にやってきたポットを新しいポットに取り替えながら，幼虫を移動させている．交換教授としてストックホルム大学に滞在していた時は，キャンパス内に自生している寄主植物の葉をビール瓶に挿して室内に放置しておくだけで，1m四方の広さで1,000頭近くの幼虫を育てることができた．しかし，このような飼育方法を日本で行なえば，密度効果が生じて，病気が蔓延したり，羽化成虫が小型化したりして，ほとんど実験には使えなくなってしまうだろう．ある国際学会で，「欧米のチョウの幼虫は人間にフレンドリーだが日本では違う．大量飼育が難しいので，結果的にデータ数が少なくなる」といったら，会場から「マモル，日本のチョウの幼虫はお前に嚙みつくのか」と混ぜっ返されたことがある．

手先の器用さは，ウチの学生が世界一である．小さなシジミチョウの雌からも受精嚢をきれいに取り出すことさえできた．欧米の大学に学生たちを同行し，模範演技を行なわせて喝采を浴びたことは数知れない．一方，日本のアゲハチョウ属では，ハンドペアリングという人工的な交尾が可能であった．少し練習すれば簡単に取得できるこの技術を用いれば，いついかなる時でも，アゲハの雌雄を交尾させることが可能である．すなわち，1日24時間のいつでも人間にとって都合の良い時に交尾させられるばかりか，通常なら自発的交尾を行なわない生理状態の雌雄でも，交尾をさせられた．この利点は，再交尾時に雌雄において示される様々な現象を実験的に制御することを可能とした．しかし欧米では，交尾させたい雌雄を小さなケージに入れ，光や温度を試行錯誤的にいろいろ調節するという涙ぐましい努力をして，「交尾していただく」のをじっと待っていなければならない！「利己的遺伝子」という考えの受け入れに時間のかかった日本には，アゲハという欧米ではなかなか得られな

い実験材料があったのである．この分野でのトップ争いができたの
は，手先の器用さとアゲハの存在なくしては語れない．

研究室の学生たち
～あとがきにかえて～

7.1 学生気質

　日本の地方国立大学に籍を得ている場合，附属の研究所などを除くと，一人で黙々と朝から晩まで研究を続けられる日など，1年のうちで数えるほどしかない．学生相手の大人数の授業や大学院生相手の少人数の授業，研究室内でのセミナーと授業が目白押しでその準備もある．我々が雑用と呼んでいる大学内外の各種会議にも出席しなければならない．研究室の学生たちの卒業論文や修士論文，博士論文の指導だけでなく，研究室外の学生たちからの質問も随時受けつけているので，学生たちは僕の都合などお構いなしにやってくる．さらに，学年担任などに当たれば，担当学年の学生たちに対する学生生活の個別指導（というよりは管理）まで行なわねばならず，これらを真面目にこなそうとすればするほど，1日が24時間では足りず，多くの教員が土日のない生活をしているのである．これを聞いたアメリカの教員は，自身が「忙しい，忙しい」といって

飛び回っているにもかかわらず「クレイジー」と絶句していた.

　理系の教員の場合,講座制ではなければ,普通,自身の居室とともに実験室をもち,研究室の学生たちの部屋を管理している.大学により学部により,建物の規模や面積が異なるので,教員室だけは確保しても,それ以外の部屋はいろいろな状況を考慮しながら,融通をつけざるを得ない.他の研究室と共同で使用することもある.僕のいた大学の場合,学生たちの部屋がなく,たまたま僕の居室がやや広かったので,居室を半分に仕切って学生たちの机を入れることにしていた.

　仕切りがあるとはいえ,同じ部屋に学生たちと一緒にいると,彼らの振る舞いは何となく雰囲気でわかり,彼らの会話はほとんど聞こえてしまう.一緒にお茶を飲んだりお昼ご飯を食べたりする機会も多くなり,学生たちとの心理的な距離はかなり近くなっていた.もっとも,僕にとっては入試などの秘密情報を学生たちからさりげなく隠す努力が必要であったし,学生たちは僕に聞かせたくない話をどこでするかに知恵を絞っていたらしい.その結果,多くの笑い話が生まれたようで,以下は僕の耳にまで入ってきた話の一つである.

　「先生,S 先輩にこっぴどく怒られてしまいました.」
　2 年生になって研究室に出入りするようになった B 君がぼやいてきた.聞くと,ノックをせずにこの研究室に入ったからだという.
　ちょうど,パソコンの OS が MS-DOS から Windows に切り替わった頃であった.それまでは,一つのアプリケーションを立ち上げると,原則として他の仕事を同時に行なうことができず,いちいちアプリケーションを終了させて切り替えていたのが,複数のアプリケーションを立ち上げておいて,画面の切り替えですむようになっ

たのである．しかも，ワープロや表計算の画面間でクリップ機能を用いてデータのやりとりができた．ディレクトリーも使いやすくなり，長いファイル名も利用できるようになったので，ファイル管理も格段に楽になっている．しかし別の意味で，この恩恵を最大限に活用していたのがウチの研究室の学生たちだった．

　メモリ容量などに制限はあったものの，Windows 上で複数のアプリケーションを立ち上げられるとしたら，一緒にゲームを立ち上げることも可能なはずである．とはいえ，今よりも OS が不安定な時代で，バグも比較にならないほど多かった．何しろ，Windowsとはいいながら，MS-DOS の影を色濃く残している．MS-DOS と簡単なプログラム作成の知識があって，バッチファイルくらいは組めなければ，コンピューターが止まった時にお手上げとなってしまう．ケーブルがのたうっているコンピューター本体の後ろに手を回して，リセットボタンを押した回数なんて数え切れないほどであった．今のように，裏で走っている MS-DOS のプログラムを知らなくても，Windows の画面上の指示に従って，黙ってマウスをクリックしていれば，いつの間にかインストールが終わってしまうなんてことはありえない．したがって，ゲームソフトをインストールしたりファイル操作したりするのもコンピューターの勉強のうちと割り切って，早くパソコンに慣れてもらうのが先決と，「やることさえやっていれば構わないよ」と，目くじらを立ててはいなかったのである．

　自分のパソコンに，ワープロや表計算ソフトだけでなく，ゲームソフトをインストールしてもよいとなると，俄然，学生たちの目の色が変わってきた．普段，研究室になかなかこない連中も，どこからかツテを頼って違法の臭いのムンムンする怪しげなゲームソフトを持ってきては，インストールして遊んでいる．MS-DOS 上で走

るソフトもまだ多く残っており，画面の解像度も低かった時代なので，ゲームの内容もグラフィックも，どれもカワイイものではあった．ネットにはまだ繋がっていない頃の話である．しかし，研究室に僕がいない時，学生たちは昼も夜も，時には徹夜でゲームに明け暮れていたこともあった（らしい）．とはいえ，データ整理や勉強もせずに，いつもゲームで遊んでいるのは問題であると，当人たちはそれなりに後ろめたく思っていた（らしい）．

　会議などの所用で席を外していた時，研究室がゲーム大会で盛り上がったことも一度や二度ではなかったという．ところが，僕が研究室へ戻ってきて，ドアの取っ手を回した途端，画面は表計算やワープロ，グラフ作成などに瞬時に切り替わっている．学生たちは「ウサギの耳」に磨きをかけていた．廊下を歩いてやってくる足音で僕を同定でき，入室するまでの時間を見切ることができたのである．ノックしないで研究室のドアを開けるのは，僕と研究室の学生たちしかいない．フィールド調査へ行った時，セミやバッタ，コオロギなどの鳴き声を全く聞き分けられなかったくせに，足音ばかりでなく，ドアの取っ手をつかむ微妙な音で誰であるかを聞き分けられた学生もいた．そんなところへB君は，ノックもせずドアを開けてしまったのだ．油断していて泡を食ったS先輩は，ゲームを保存せずに終了させたばかりか，データ入力途中の表計算ソフトまで保存せずに終了してしまったそうである．

　「バカヤロー，おまえのおかげで，勝てそうだったのがやりなおしだ．おまけにデータまで消えちまったじゃないか．研究室へ入る時はだな，ノックしてから『先輩失礼します！』とでもいうんだ」

　今，S先輩は実直な地方公務員，B君はコンピューター会社でバリバリのSEである．

大学の研究室という小さな城の運営を任されてから，僕と一緒に研究し，卒業論文を書いた学生は約 50 人，修士論文を書いた院生はその半分，博士論文を書いた学生は 5 人を数える．研究対象はチョウやトンボだけでなく，結果的に，花からヒトまで，いろいろな生き物 (!) を扱ってきた．特に"教師になるため"の教員養成課程の「教育学部・理科・生物」における学生の場合，高校時代には大部分が「文系」の進学クラスに属しており，「ムシなんて触ったこともないし，気持ちわるーい」と逃げ回る学生が，毎年一人や二人は必ず出てきたからである．一方，高校時代までに何らかの生き物の採集や飼育をしていた学生は「研究とは論文を書くものである」を理解するまで苦労の連続であったらしい．生き物と楽しく触れている時間よりも，英文論文を読むことやデータをパソコンで解析すること，論理を理解すること，和文・英文を自ら書くこと，などに大部分の時間をとられたからである．その結果，対象をどんな生物にして，どんな分野の研究を行なうのかは，学生共々悩ましい問題であった．しかしそれでも，僕の研究室で繰り広げられた学生たちの研究生活は，楽しかったと信じたい．なお，文中に登場する学生たちの振る舞いは，かなり脚色していることを付しておく．

7.2 チョウの飼育

僕の所属していた教員養成学部の場合，6 月は 4 年生が教育実習に出かける月なので，研究室は少し静かになる．その間，留守部隊となる 3 年生だけで，先輩たちが飼育している虫に餌をやったり掃除したりと世話をしなければならない．3 年生では，出席しなければならない講義や実験がまだたくさんあるので，実際に手を動かすのは 1 日のうちでも夕方から夜になってしまう．そんな時，E さんだけは皆と違って，朝早く研究室にやってきて仕事をしていた．

⑦ 研究室の学生たち〜あとがきにかえて〜　123

「生まれてから今まで，虫なんて触ったことがありません」と豪語していたのに，ひょんなことから僕の研究室にくることになってしまった彼女は，初めのうち，先輩たちにあきれられることばかりしていた．アゲハチョウの成虫の餌は砂糖水と教えられると，砂糖でこってりと甘くしたコーヒーを与えて全滅させてしまうなど，数え上げればきりがない．「私がいつも飲んでいるおいしいコーヒーを与えたのに」と彼女．何百頭と飼育している幼虫の中で，お気に入りの幼虫に名前をつけて可愛がっていたのも E さんだった．「気のせいか，愛情のかけ方で幼虫の生存率は変わるようです」と，ペロッと舌を出しながら僕に教えてくれたことがある．

　モンシロチョウの幼虫を少しばかり飼育するのは比較的簡単である．やや大きめの容器にキャベツの葉っぱを入れ，過湿にならないように気をつけてやれば，たいていは蛹になってくれる．しかし，たくさんの幼虫を同時に飼育しようとすると，そうはいかない．実は，たくさんの卵を得ようと，野外から数頭の雌を捕ってきたのが間違いの始まりだった．

　大きなキャベツの葉を 1 枚入れたケージの中に，捕ってきた雌を全部放し，窓際に 2〜3 時間ほど置いておいたところ，緑色のキャベツの葉はモンシロチョウの卵だらけになり，全体が黄白色に見えるほどだった．E さんは悲鳴をあげたものの，内心，これでうまく実験が進むと思ったに違いない．「せっかく産んでくれた卵ですから，私，全部育ててみます」

　1 齢〜2 齢幼虫までは何とか無事に育った．ところが，3 齢の中頃から状況は変わり始める．飼育容器内の湿度は高くなり，キャベツの腐りかけた臭いがしてくる．朝，敷き紙とキャベツの葉を替えても，午後になると糞などで敷き紙はベトベト，キャベツの葉も糞だらけとなってしまった．病気も出始める．E さんは朝から夜遅く

まで幼虫の世話にかかりっきりとなったが，残念ながら，この時の幼虫は半分以上死んでしまった．おまけに，羽化した成虫も野外の個体よりふた回り以上小さく，口の悪い先輩たちに「ヒメモンシロチョウが羽化した」とからかわれたほどで，実験には使えなかったのである．しかし，こうした失敗を糧として，Eさんたちの努力により，チョウの幼虫を大量飼育するノウハウが蓄積された．今ではシロチョウの仲間とアゲハの仲間ならほとんど失敗しないで大量飼育できるようになっている．

いずれにしても，チョウと仲良しになったEさんは，その後，いろいろなムシに興味をもつようになった．ゴキブリが出るたびに男の子を呼んでいた彼女が，じっとゴキブリの行動観察をしてから「私の大事なチョウチョをかじらないで！」といいながらバシッ．「先生，私，虫愛ずる姫君になりそう……」．ええっ！

7.3 野外調査

「そこだーっ，ヤレーッ」

聴きようによってはいささか下品な大声がA子さんの口から飛び出した．ここは信州のスキー場．抜けるような青空の下，夏のゲレンデは全面がクローバーによる緑の絨毯となっていた（**図7.1**）．

毎夏「合同調査」と称して1〜2週間，僕たちはここへ集まってくる．我が研究室の学生や院生，OBだけでなく，噂を聞きつけた他大学の学生や社会人，高校生など，野外調査に興味のある人なら誰でも参加できる「合同調査」は，かれこれ30年以上も続けられてきた．チョウやトンボ，植物など，調査テーマは毎年変わり，この年はモンキチョウの繁殖行動のうち，特に交尾行動を観察していた．その時の一コマである．

チョウの交尾行動を調べるのに手っ取り早い方法は，野外で探雌

研究室の学生たち〜あとがきにかえて〜

図7.1　モンキチョウの調査地・スキーゲレンデ

飛翔中の雄に処女雌を呈示することである．処女雌を発見した雄は，あっという間に連結して交尾は成立してしまう．そこで，事前にたくさんの幼虫を実験室で飼育して，羽化させた雌を用いることにした．もちろん，これらの雌を野外で雄に提示すれば，交尾した雄とともにどこかへ飛んで行ってしまうに違いない．そこで，交尾には影響を与えないように，糸を結びつけて繋いでおくのである．

欧米の研究者がこの類いの実験を行なう時，軽く縛る場所は胸と腹の間である．しかしこの方法だと，糸が脚にからまったり，自由にはばたけなかったりするため，交尾はなかなかスムーズに行なわれなかった．それを解決するには，雌が自由に動けるように，縛る場所を頭と胸の間にしなければならない．この方法の欠点は，きつく縛ると「首吊り」になって死んでしまい，緩すぎれば頭が抜けて逃げてしまうことであり，微妙な調節に神経を使わねばならなかった．どうやら，この方法は手先の器用な日本人向きのようである．合同調査の期間中，毎夜，皆で翌日の実験のために処女雌の頭と胸の間に糸を結びつけていた．そして翌朝，その雌をもってゲレンデへ行き，糸の端をクローバーの茎などへ繋ぎ，雄がやってきて求愛

図7.2 糸をつけたモンキチョウの処女雌に雄がやってきた

し交尾する行動を観察しようとしたのである（**図7.2**）.

ところが，ゲレンデの至る所を飛んでいた雄たちは，我々がゲレンデの中を歩いていくと，さりげなく我々を避けて飛ぶようになってしまった．ゲレンデの斜面に転々と広がった人間の周りだけが，乱舞している黄色いモンキチョウの雄の空白地帯になったのである．しかし，我々がじっと静かにしていると，その空白域は徐々に狭まってきて，30分も経つと，ようやく飛んでいる雄たちが我々の周りにもやってきて，糸で繋いだ雌に気づいてくれるようになってくれた．

しかし雄たちは，我々の処女雌に何か違和感を覚えるようだった．羽化したばかりの処女雌なので，探雌飛翔中の雄にとっては是非にも交尾したい相手のはずである．それなのに，飛びながらちょっとその雌へ向かってみただけだったり，雌の翅に触れただけで飛び去ってしまったりする個体が大半だった．ようやく交尾しようとした雄でも，糸の存在で雌の対応がぎこちなかったりすると，さっさと交尾をあきらめてしまい，なかなか連結する体勢になれない雄が続出したのである．

⑦ 研究室の学生たち〜あとがきにかえて〜　127

これでは交尾行動の観察にならない．傍で見ている我々も，雄たちの不甲斐なさに内心イライラしていた．暑い直射日光にジリジリ焼けながらの観察で疲れてしまったのも一因かもしれない．そんなところに，A子さんの絶叫がゲレンデにこだましたという次第．

もうみんな大爆笑．気分はすっきりと直ってしまった．

その日の夕食時はこの話題でもちきり．夜の糸結びの作業はいつもより和らいだ雰囲気となった．体力を使う野外調査の場合，このような何気ない一言がグループの雰囲気を変えてしまうのである．翌日のゲレンデへ行く皆の足取りが軽くなったことはいうまでもない．あとからA子さんの友人がそっと教えてくれたのは，彼女の背中には，強い夏の日差しによってTシャツの模様がくっきりと焼きついていたとのこと！

スタッフとして支えてくれた研究室の学生の皆さん，ご苦労様．お礼申し上げる．

7.4 謝辞

チョウの研究が牧歌的でアマチュアに毛の生えた研究という偏見に最初に出会ったのは，大学院入試の面接であった．その後，地方国立大学の教育学部に職を得るまで，いろいろな場面で偏見の壁に当たっていたが，それでも研究を続けられたのは，今は亡き沼田真先生や日高敏隆先生，巌 俊一先生，伊藤嘉昭先生らの庇護のもとにあったからである．感謝してもしきれない．一緒にチョウの研究を行なった研究室の学生諸君，野外調査に参加してくれた他大学の学生や高校生諸君からは，しばしば研究に対する新しい視点を得ることができた．お礼申し上げる．

コーディネーターである巌佐 庸先生には，本書の執筆を紹介いただいただけでなく，原稿について多くの有益な助言をいただい

た．お礼申し上げる．共立出版の山内千尋様からは，最初期の原稿
以来，率直なご意見をいただいている．ともすれば自己満足に陥り
がちで難解な文章となり読みにくかったはずが，何とか修正でき
たのは，お手数をおかけした結果といえ，お詫びとお礼を申し上げ
る．

　妻（K子さん）には，いつものように，原稿を繰り返し読んでも
らっている．所々に挿入したくすぐりの表現を，うなずきながら読
んでいる横顔を見られたのは嬉しかった．

引用文献

Ban, Y., Kiritani, K., Miyai, S., Nozato, K. (1990) Studies on ecology and behavior of Japanese black swallowtail butterflies. VIII. Survivorship curves of adult male populations in *Papilio helenus nicconicolens* Butler and *P. protenor demetrius* Cramer (Lepidoptera: Papilionidae). *Applied Entomology and Zoology*, **25**: 409-414.

Hunter, M. L. Jr. (2002) *Fundamentals of Conservation Biology*. Blackwell Science.

入江萩子・渡辺 守 (2009) 実験的に交尾拒否姿勢を抑止したモンキチョウの既交尾雌に対する雄の求愛行動. 生物教育, **49**: 68-75.

Karlsson, B. (1996) Male reproductive reserves in relation to mating system in butterflies: a comparative study. *Proceedings of the Royal Society of London. Series B*, **263**: 187-192.

Konagaya, T., Watanabe, M. (2015) Adaptive significance of the mating of autumn-morph females with non-overwintering summer-morph males in the Japanese common grass yellow, *Eurema mandarina* (Lepidoptera: Pieridae). *Applied Entomology and Zoology*, **50**: 41-47.

Nakanishi, Y., Watanabe, M., Ito, T. (1996) Differences in lifetime reproductive output and mating frequency of two female morphs of the sulfur butterfly, *Colias erate* (Lepidoptera: Pieridae). *Journal of Research on the Lepidoptera*, **35**: 1-8.

Sasaki, N., Konagaya, T., Watanabe, M., Rutowski, R. L. (2015) Indicators of recent mating success in the pipevine swallowtail butterfly (*Battus philenor*) and their relationship to male phenotype. *Journal of Insect Physiology*, **83**: 30–36.

Tschudi-Rein, K., Benz, G. (1990) Mechanisms of sperm transfer in female *Pieris brassicae* (Lepidoptera: Pieridae). *Annals of the Entomological Society of America*, **83**: 1158–1164.

Watanabe, M. (1979) Natural mortalities of the swallowtail butterfly, *Papilio xuthus* L., at patchy habitats along the flyways in a hilly region. *Japanese Journal of Ecology*, **29**: 85–93.

Watanabe, M. (1981) Population dynamics of the swallowtail butterfly, *Papilio xuthus* L., in a deforested area. *Reseaches on Population Ecology*, **23**: 74–93.

Watanabe, M. (1992) Egg maturation in laboratory-reared females of the swallowtail butterfly, *Papilio xuthus* L. (Lepidoptera: Papilionidae), feeding on different concentration solutions of sugar. *Zoological Science*, **9**: 133–141.

渡辺 守 (2005) 第 12 章 繁殖の生態・生理. 『チョウの生物学』(本田計一・加藤義臣 編), 350–376. 東京大学出版会.

渡辺 守 (2007)『昆虫の保全生態学』東京大学出版会.

Watanabe, M., Ando, S. (1993) Influence of mating frequency on lifetime fecundity in wild females of the small white *Pieris rapae* (Lepidoptera, Pieridae). *Japanese Journal of Entomology*, **61**: 691–696.

渡辺 守・盆野峰崇 (2001) 多回交尾を行なう蝶類の雌の体内における無核精子の役割. 生物科学, **53**: 113–122.

Watanabe, M., Bon'no, M., Hachisuka, A. (2000) Eupyrene

sperm migrates to spermatheca after apyrene sperm in the swallowtail butterfly, *Papilio xuthus* L. (Lepidoptera: Papilionidae). *Journal of Ethology*, **18**: 91–99.

Watanabe, M., Hirota, M. (1999) Effects of sucrose intake on spermatophore mass produced by male swallowtail butterfly *Papilio xuthus* L. *Zoological Science*, **16**: 55–61.

Watanabe, M., Nakanishi, Y., Bon'no, M. (1997) Prolonged copulation and spermatophore size ejaculated in the sulfur butterfly, *Colias erate* (Lepidoptera: Pieridae) under selective harassments of mated pairs by conspecific lone males. *Journal of Ethology*, **15**: 45–54.

Watanabe, M., Nishimura, M. (2001) Reproductive output and egg maturation in relation to mate-avoidance in monandrous females of the small copper, *Lycaena phlaeas* (Lycaenidae). *Journal of the Lepidopterists' Society*, **54**: 83–87.

Watanabe, M., Nozato, K. (1986) Fecundity of the yellow swallowtail butterflies, *Papilio xuthus* and *P. machaon hippocrates*, in a wild environment. *Zoological Science*, **3**: 509–516.

Watanabe, M., Sato, K. (1993) A spermatophore structured in the bursa copulatrix of the small white *Pieris rapae* (Lepidoptera, Pieridae) during copulation and its sugar content. *Journal of Reserch on the Lepidoptera*, **32**: 26–36.

交尾をめぐる雄と雌の駆け引き

コーディネーター　巌佐　庸

　イギリスには鳥の観察のマニアがいる．ワイタムの森では，巣場所をすべて記録し，それらが誰と交配してどの子供を産んだかなど分担して観察し続けるというアマチュア研究者の伝統がある．日本でそれに対応するものは，さしずめチョウなのかもしれない．

　日本には，チョウのマニアだったという人が数多くいる．先日，アフガニスタンとパキスタンで医療活動や灌漑用水路建設などの国際貢献を続けておられる中村　哲さんにお会いして，どういう経緯でアフガニスタンに最初に行かれたのかと聞いたところ，実はアフガニスタンには特別のチョウがいて，それを見たくて登山に行った，といわれた．それを聞いていた九大の医学部長も，私もチョウのマニアで……みたいな話に．そういえば，私の高等学校の世界史の先生は，授業が進んで時間が空いたのでチョウチョの話をしますといって，生殖器を解剖する話など実に熱を込めて語られた．その先生は，図鑑の編集にも携わり，日本鱗翅学会の理事も務めておられたようだ．

　本書は，そのようなチョウを集めるマニアというところから一歩踏み込んで，チョウを対象にした行動生態学の研究を紹介している．生態学への見事な入門書になっているとともに，リズムのある文章から学問として生物の研究を行うことの楽しさと興奮が伝わってくる．

　本書の中心的テーマは，チョウの配偶行動というより，交尾の後

交尾をめぐる雄と雌の駆け引き　　133

の雌の体内での雄の精子の使われ方，そして雌が雄との交尾を求める機構などである．これらは「精子競争」といわれ，動物行動学のここ数十年の中心的テーマであった．

その基本にある考え方は，「動物個体は，その個体の繁殖成功を最大にする意味で適応的な行動をとる」というものである．著者の渡辺 守さんは，それ以前にあった「生物の個体は種の存続に役立つような行動をとる」という考えから上記のように変わることで大きな影響があったことを強調する．

第 2 章と第 3 章においては，チョウがどのような生活をし，どのようにその集団が維持されているかが説明される．

チョウは，卵として生まれてから，幼虫になり，生育段階を進んで，寄生蜂や鳥などの捕食者のリスクにさらされ，最終的には生まれたうちのごく一部しか成体には辿り着けない．蛹の後に羽化して成虫になってからは，飛翔能力が強いために遠くの集団とも交流し，1 つの場所だけではなく多数の個体群が移住で繋がった「メタ個体群」になっている．

チョウの食草は，様々な毒性物質で防御しているため，利用できる幼虫はそれを解毒する能力をもつ．他方で，チョウは植物の花粉媒介者として働く．成虫が利用する蜜は，成虫の寿命を増やす．花のほうでは，自らの花粉を持って行ってほしい時期と，他の花から花粉を受け取る時期では，蜜の量を変えるという．

このような生物学的な基礎知識をかいつまんで説明するこれらの章の記述は魅力的で，広い野外に生育しているチョウがどのように生活しているのかのイメージがよく伝わる．

昆虫の生態学，特に個体数の変動の優れた研究には，農業害虫の防除からスタートしたものが多い．しかしチョウは，害虫でないのに随分盛んに研究されてきた．渡辺さんは，チョウを対象として生

態学の様々な研究手法や概念が開発されたといわれる．チョウの生態学研究者の誇りが伝わってくる．

第4章からいよいよ本題である配偶行動とその後の精子競争に向かう．

チョウは雌が複数の雄を受け入れることがわかってきた．雌は，雄から精子だけなく，多量のタンパク質を含んだ物質（精包）を受け取る．交尾をして十分な量を受け取ると，しばらくは他の雄を受け入れないものの，その間に精包を破って栄養を得て，それをもとに最終的には卵生産を増やす．

たいていの動物では，子供は，母親からは卵として多量の物質を受け取るが，父親からの精子には栄養はほとんどない．雄は精子をいくらでも作れるのに対して，雌は限られた数の卵しか作れない．そのため雄は余ってしまい，いつでも機会を逃さず交尾をしかける．また限られた雌との交尾の機会を巡って雄同士で互いに喧嘩をする．それに対して雌は交尾相手を慎重に選ぶようになる．これが，雌雄のあり方についての動物行動学の基本的な考え方だった．

しかしチョウは違う．雄が栄養の意味で大きな貢献をしているために，いったん交尾をした後，雄は次の精包を作るために餌を食べ，雌に与えるべき精包のもとになる物質を作らねばならない．逆に雌は，栄養がなくなると雄を求めて交尾を促す．雌が交尾に積極的で，雄は自分の精子を渡した相手の雌が十分な卵数を残している若い雌であることを注意深く調べる配偶者選択を行う．ある意味で雌雄の役割が逆転するのだ．

第6章では，雄が自らの繁殖成功を確保するために，様々な行動上の工夫をしていることが説明される．さらに核をもたない「無核精子」がかなりの数作られることと，その効果が述べられる．世界中の研究者が取り組んで様々なことがわかってきたものの，意義に

ついてはまだ複数の可能性が残っていて決着はついていないようだ.

渡辺さんは,三重大学教授として教鞭をとり,その後筑波大学に移って研究を続けてこられた.200 編を超える論文を執筆し,これまで多数の大学生および大学院生を育ててこられた.主にトンボとチョウを研究対象とした生態学の研究であるが,テーマとしては,精子競争,保全,生活史戦略,生物多様性など多岐にわたる.その業績の一部は英文の単著 *Sperm Competition in Butterflies* (Springer, 2016) にもまとめられている.

35 年も前のことだが,私自身,チョウの配偶行動の研究にかかわったことがある.1 年で 1 世代しか過ごさず,決まった季節に蛹から羽化してきて数週間の配偶行動を経て産卵を終えるというタイプの昆虫は,雄が雌よりも早く羽化する(プロタンドリー現象,第 4 章参照).たとえばカリフォルニアの蛇紋岩土に生える食草で育つ,ヒョウモンモドキである.雨が降って地上が草に覆われる冬が終わり,半年間晴れの日ばかりが続く季節に入る.その時にこのチョウは突然現れて,数週間のうちに交尾と産卵を済ませる.雌は,夜明け前に蛹から羽化して待っている.雄がそれらの雌を探し回って交尾をする.雌は交尾を済ませると,適切な食草を探し産卵をすることに専念するため,交尾拒否姿勢をとる.もし雌が最初の雄と交尾をし,それ以降は一切他の雄を受け入れないとすると,羽化したての雌に出会わないことには雄には子供を残す機会がないことになる.だから雄にすれば,雌と同時に羽化したのでは遅く,先に羽化して毎日雌に出会えるように探し回るのが望ましい.他方で,このようなチョウでは 1 日当たりの死亡率は結構高く,あまりに早すぎると雌に出会う前に死んでしまうので適当な羽化日があるだろう.

この問題を，雄がそれぞれ自分の羽化する日を選んで，自らの交尾成功率を最大にするとすれば，どのような結果になるかを考えた．これは雄をプレイヤーとして，自らの羽化日を戦略として選ぶゲームの均衡を求めることになる．長い進化の途上では，できるだけ多くの繁殖成功度を収めるような行動ができた個体がより多くの子孫を残してきたはずだ．今見られる生物はそれらの子孫であるので，ベストを尽くして最大の繁殖成功を収められる適応的な行動をとるだろう．とするとゲームの均衡で，現実のチョウの羽化パターンが予測できるのではないか．

　ここで大事なことは，雄同士は競争相手であるため，その日に羽化すれば他の雄よりもより多くの雌と出会えるという「最適羽化日」が存在しないことである．もし最適羽化日があるならば，そこに他のすべての雄も羽化するように進化するはずだが，同じ日に羽化した雄は互いに同じ雌を奪い合うことになるため，次第に1匹あたりの成功率は減少してしまい，他の雄と違った日に羽化したほうが交尾成功率が高くなってしまう．その結果，進化すべき最終状態では，雄はある期間にわたって毎日羽化すると予測できた．

　私はスタンフォード大学の博士研究員をしていた時に，このモデルを Paul Ehrlich のグループがとったヒョウモンモドキのデータを用いて実証することになった．それぞれの個体の羽化日は第2章に解説されているようなエイジを使って特定する．カリフォルニアポピーが一面に咲く草原で，毎朝3～4名の研究者が，夜明け前から昼過ぎまで走り回り，チョウを何度も捕まえては標識を確認して放つという作業を繰り返した．推定によると，すべての雄が数回以上捕まえられていた．

　イギリスのオックスフォード大学の遺伝学者やスウェーデンのチョウのグループも独立に似たアイデアをモデル化し実証しようとし

交尾をめぐる雄と雌の駆け引き 137

ているとの情報が入ってきた．しかし，それらのグループの数理モデルは羽化日の分布の平均値を議論することしかできていなかったのに対して，私たちの理論は，雌の羽化曲線の任意の形に対して均衡での雄の羽化曲線が計算できる．Paul は，これほどまでに徹底的な標識採捕法を行なった例は他にはなく，このデータは世界で最高だ．理論は競争相手に勝てるから，あわせて後世に残る研究になる，といってくれた．今でもこの論文は，生物学でのゲーム理論を話す時には例として紹介することにしている．

実は，データと比較すると，雄はゲームモデルが予測するよりも幅広い日程で羽化していた．論文ではその理由をいくつか述べた．その1つが，雌が再交尾をするということだ．雄は雌に交尾栓をするのだが，それが外れる場合があり，複数回の交尾による精包をもつ雌がいる（第4章参照）．雌が再交尾をし，雌の羽化日よりも後にも雄の繁殖の機会があるならば，雄の羽化日が広がることは理解できる．しかしそれをモデルに考慮するには，雌が再び雄を受け入れるまでにかかる日数や，再度の交尾で受け入れた精子が授精させる卵数は最初の交尾による授精卵数とどう違うか，などを定量的に知る必要がある．

私自身は当時，別の理由がより重要と考えていた．ヒョウモンモドキの繁殖季節は毎年大きく変動する．雄が羽化をする日を決定する生理機構はまだわかっていないものの，雄が自分の羽化日を決定した後で，雨が降って気温が低下すると雌の羽化は数日間遅れる．天候は予測できないため，不確定な情報のもとで，意思決定を行うことになる．このような状況では，雄の羽化すべき日の分布は，雌の羽化パターンを完全に知っていた場合よりも広くなるよう進化するだろう．そのことを示す数理理論が作れたのは11年後のことだった．しかしそれを実証しようとすると，羽化日を決める生理機構

を詳しく知る必要がある.

　このようにチョウの雄が雌よりも早く羽化するということだけをとってみても，その理由をきちんと知ろうとすると，様々な事柄を知り，さらに研究を深める必要が出てくるのだ.

　本書の最後の第7章には，渡辺さんが大学の教員として長年教鞭をとってきたこと，その学生たちと過ごすことの楽しさが書かれている．その前の章では，国際会議の晴れの舞台で，渡辺さんが，学生たちがとったデータに基づいた見事な研究成果の発表をして外国人を感心させる場面が紹介されている．学生たちを誇りに思っておられることが伝わってくる.

　渡辺さんは大学で，学生たちにとって素晴らしい先生だったのだろうと思う．それらの学生の多くは教員となって教壇に立っているとのこと．渡辺先生から教師としてのあり方，情熱を多く受け取って巣立っていったことだろう.

　もしこの「コーディネータのあとがき」を先に読まれた方がおられたら，ぜひ本書を読んで，渡辺教授の情熱的講義を受けることにしよう.

索　引

【生物名】

アオジャコウアゲハ　52
アオスジアゲハ　86,97
アオムシコバチ　22
アゲハタマゴバチ　20
アゲハヒメバチ　22
アゲハ類　10,12
アシナガバチ類　21,22
イチモンジセセリ　17
イチモンジチョウ　17
イヌガラシ　40
ウスバシロチョウ　67,73,95
ウラゴマダラシジミ　17
エゾシロチョウ　63,67
エゾスジグロシロチョウ　96,106
オオカバマダラ　17,78
オオムラサキ　17
オオモンシロチョウ　15,17
オナガアゲハ　32
カラスアゲハ　32
カラスザンショウ　10,20,23
キアゲハ　20,27,65,73,86
ギシギシ　65
キタキチョウ　83
ギフチョウ　67
キマダラジャノメ　65
クサギ　31,40
クスノキアゲハ　46
クロアゲハ　27,32,46

クロキアゲハ　28
黒色系アゲハ類　27,28,32,46,97
シウリザクラ　63
ジャコウアゲハ　67,86
スイバ　65
スジグロシロチョウ　40,46,78
スズメバチ類　22
タイワンモンシロチョウ　46,78
ナガサキアゲハ　32
ナミアゲハ　17,45,53,71,76,95,97,102,
　　114
ヒメジャノメ　17
ヒョウモンモドキ　16
ベニシジミ　46,65,86
メドハギ　84
モンキアゲハ　27,32,46
モンキチョウ　28,46,79,98,124
モンシロチョウ　15,36,46,63,72,102,
　　123
ヤマキチョウ　63

【欧字】

cheap filler　113
Jolly 法　13
kamikaze sperm　112
signa　75
sperm migration　105

【あ】

亜成熟卵　44

位置効果　107
遺伝的多様性　92,93
隠蔽的　23,90
羽化場所　62
羽状複葉　24
エアサック　43
エイジ　29

【か】

回転運動　111
回避　88
花冠　38
撹拌　110
過剰精子　111
花粉媒介　14,38
寄主植物　10,14,20,23,33,89
基底膜　103,110
黄翅型雌　81
ギャップ　24
求愛飛翔　80
求愛飛翔集団　81
吸水行動　97
吸蜜　10,31,57
吸蜜植物　14
景観　15,35
交尾拒否姿勢　7,61,81
交尾栓　65,67,68,86,95
交尾嚢　43,50,69,75,84,106
交尾嚢管　104
口吻　38,97
個体識別　12

【さ】

三角格子法　12
産卵機械　89
産卵前期間　61
自家受粉　40
実効性比　57,64

脂肪体　27,43
射精管　50
自由無核精子　103
自由有核精子　102
受精嚢　68,104
受精嚢管　104
受粉期　40
生涯交尾回数　69
食物網　14
白翅型雌　81,98
伸展受容器　77,95
生活史　14
生活史戦略　10
精子2型　10
精子競争　114
成熟卵　44,75
精巣　50,103
生存曲線　16,26
生態系　14
精包　10,50
精包物質　50
生命表　13,16,59
先駆樹種　23
相互進化　14
送粉期　40
相対照度　28
蔵卵数　43,74

【た】

体温調節　28
多回交尾　4,69
他家受粉　40
単婚性　61,86
単糖類　39
タンニン　25
探雌　61
探雌飛翔　50,62,99,124
地域個体群　15,35

蝶道　28,33
鳥糞状　21
糖　31
特攻隊　3

【な】

ナトリウムイオン　97
縄張り　65,86,101
二次遷移　25
二糖類　39

【は】

ハラスメント　100
ハンドペアリング　116
日当たり個体数　15
日当たり生存率　15
ビークマーク　31
飛翔経路　27
百家争鳴的論争　2
標識再捕獲法　12
ヒルトッピング　65
附属腺　50,65,75
プロタンドリー　63
閉鎖林分　27
保全生態学　16,36

【ま】

ミカン圃場　20
未熟卵　44,74
密度維持制御機構　17
無核精子　5,101,110
無核精子束　103
メタ個体群　35

【や】

有核精子　5,101
有核精子束　102
輸卵管　44
陽樹　25

【ら】

卵殻　44
卵管　104
卵成熟　49,61
卵巣小管　44
利己的遺伝子　3
林縁部　24,31
鱗粉　29
累積摂取糖量　56
連結態　67,94,99

著 者

渡辺 守（わたなべ まもる）

1978年 東京大学大学院農学系研究科博士課程修了
現 在 三重大学名誉教授，農学博士
専 門 生態学

コーディネーター

巌佐 庸（いわさ よう）

1980年 京都大学大学院理学研究科博士後期課程修了
現 在 九州大学大学院理学研究院 教授，理学博士
　　　 2018年4月より，関西学院大学理工学部 教授
専 門 数理生物学

共立スマートセレクション 25 Kyoritsu Smart Selection 25 チョウの生態「学」始末 The Story about the Ecology of Butterflies 2018年2月15日 初版1刷発行	著 者 渡辺 守 © 2018 コーディ ネーター 巌佐 庸 発行者 南條光章 発行所 共立出版株式会社 郵便番号 112-0006 東京都文京区小日向4-6-19 電話 03-3947-2511（代表） 振替口座 00110-2-57035 http://www.kyoritsu-pub.co.jp/ 印 刷 大日本法令印刷 製 本 加藤製本 一般社団法人 自然科学書協会 会員
検印廃止 NDC 486.8, 468 ISBN 978-4-320-00925-7	Printed in Japan

JCOPY <出版者著作権管理機構委託出版物>
本書の無断複製は著作権法上での例外を除き禁じられています．複製される場合は，そのつど事前に，出版者著作権管理機構（TEL：03-3513-6969，FAX：03-3513-6979，e-mail：info@jcopy.or.jp）の許諾を得てください．

見つかる（未来），深まる（知識），広がる（世界）

共立スマートセレクション

❶ 海の生き物はなぜ多様な性を示すのか —数学で解き明かす謎—
山口　幸著／コーディネーター：巌佐　庸

❷ 宇宙食 —人間は宇宙で何を食べてきたのか—
田島　眞著／コーディネーター：西成勝好

❸ 次世代ものづくりのための電気・機械一体モデル
長松昌男著／コーディネーター：萩原一郎

❹ 現代乳酸菌科学 —未病・予防医学への挑戦—
杉山政則著／コーディネーター：矢嶋信浩

❺ オーストラリアの荒野によみがえる原始生命
杉谷健一郎著／コーディネーター：掛川　武

❻ 行動情報処理 —自動運転システムとの共生を目指して—
武田一哉著／コーディネーター：土井美和子

❼ サイバーセキュリティ入門 —私たちを取り巻く光と闇—
猪俣敦夫著／コーディネーター：井上克郎

❽ ウナギの保全生態学
海部健三著／コーディネーター：鷲谷いづみ

❾ ICT未来予想図 —自動運転，知能化都市，ロボット実装に向けて—
土井美和子著／コーディネーター：原　隆浩

❿ 美の起源 —アートの行動生物学—
渡辺　茂著／コーディネーター：長谷川寿一

⓫ インタフェースデバイスのつくりかた —その仕組みと勘どころ—
福本雅朗著／コーディネーター：土井美和子

⓬ 現代暗号のしくみ —共通鍵暗号，公開鍵暗号から高機能暗号まで—
中西　透著／コーディネーター：井上克郎

⓭ 昆虫の行動の仕組み —小さな脳による制御とロボットへの応用—
山脇兆史著／コーディネーター：巌佐　庸

⓮ まちぶせるクモ —網上の10秒間の攻防—
中田兼介著／コーディネーター：辻　和希

⓯ 無線ネットワークシステムのしくみ —IoTを支える基盤技術—
塚本和也著／コーディネーター：尾家祐二

⓰ ベクションとは何だ!?
妹尾武治著／コーディネーター：鈴木宏昭

⓱ シュメール人の数学 —粘土板に刻まれた古の数学を読む—
室井和男著／コーディネーター：中村　滋

⓲ 生態学と化学物質とリスク評価
加茂将史著／コーディネーター：巌佐　庸

⓳ キノコとカビの生態学 —枯れ木の中は戦国時代—
深澤　遊著／コーディネーター：大園享司

⓴ ビッグデータ解析の現状と未来 —Hadoop, NoSQL, 深層学習からオープンデータまで—
原　隆浩著／コーディネーター：喜連川　優

㉑ カメムシの母が子に伝える共生細菌 —必須相利共生の多様性と進化—
細川貴弘著／コーディネーター：辻　和希

㉒ 感染症に挑む —創薬する微生物 放線菌—
杉山政則著／コーディネーター：高橋洋子

㉓ 生物多様性の多様性
森　章著／コーディネーター：甲山隆司

㉔ 溺れる魚，空飛ぶ魚，消えゆく魚 —モンスーンアジア淡水魚探訪—
鹿野雄一著／コーディネーター：高村典子

㉕ チョウの生態「学」始末
渡辺　守著／コーディネーター：巌佐　庸

㉖ インターネット，7つの疑問 —数理から理解するその仕組み—
大﨑博之著／コーディネーター：尾家祐二

【各巻：B6判・本体価格1600円～1800円】

http://www.kyoritsu-pub.co.jp/　　**共立出版**　（価格は変更される場合がございます）